자연을 담은
엄마 요리

배명자 지음

상상출판

여는 글

노후에 좋은 벗들과 차를 마시며 즐거운 시간을 보내기 위해 1996년 아름다운 팔공산 자락에 터를 잡았습니다. 이곳에서 차 문화와 예절을 가르치기도 했습니다만 찾아오는 많은 분들은 왠지 몸과 마음이 편안해진다며 힐링에 좋은 공간이라고들 했습니다.

공기 좋고 물 좋은 이곳에서 장을 담가 주위 분들과 나누어 먹었는데 장맛이 좋다고 소문이 나면서 서울에서 학업을 마친 아들과 자연에 감사하는 마음으로 2001년 장류 식품회사인 와촌식품을 시작하였습니다. 또 여기서 담근 장의 맛을 알리기 위해 2005년에는 음식공방인 노고추를 열었습니다. 식재료 고유의 맛을 그대로 살리며 천연조미료와 전통 장류만으로 제철 음식을 만들어 대접하자 많은 사람들의 호응을 얻게 되었습니다. 각지에서 찾아온 손님들이 음식 맛을 즐기며 재료와 조리법에 많은 관심을 보여 주셨기에 그동안의 경험을 바탕으로 용기를 내어 이 책을 내게 되었습니다.

제가 요리를 하는 데 있어 큰 힘이 되어준 네 가지가 있습니다. 친정어머니가 몸소 보여주신 베풀고 배려하는 마음가짐, 시부모님께서 가르쳐주신 음식 만드는 법, 선재스님께서 일러주신 전통 장류와 신토불이 음식의 중요성, 그리고 20여 년 동안의 다도 생활을 통해 배운 '중정'의 정신입니다.

얼마 전에 고인이 되신 친정어머니는 평생 종갓집 맏며느리로 늘 남을 위해 배려하고 베푸는 삶을 사셨습니다. 항상 긍정적으로 생활하셨던 어머니는 제가 삼 남매를 키우면서 내 뜻대로 안되어 속상해하는 것을 보시고 하신 말씀이 있습니다. "에미야, 자기 자식이 잘되기를 바라는 마음에 자식을 하늘에라도 올리고 싶어하는 마음은 누구에게나 있단다. 하지만 그것은 욕심에 불과하단다". 저는 손자를 본 지금에 와서야 어머니의 깊은 뜻을 헤아리게 되었습니다.

유교적이고 엄격한 친정아버지와 달리 시부모님들은 가족 중심적이셨고 며느리인 저를 늘 따뜻하게 대해주셨습니다. 특히 시아버님께서는 "빈대떡은 꼭 돼지기름에 부쳐야 맛있다", "고기를 삶을 때는 항상 고기에 간이 배야 맛있다"는 등 세세하게 음식하는 법을 알려주셨던 자상하신 분이셨습니다. 시어머님께는 장과 김치 담그는 법을 배웠습니다. 아흔을 넘기신 지금에도 음식에 대한 질문을 하면 항상 명쾌한 답을 주십니다.

선재스님과의 인연은 다도 생활을 하고 있던 저에게 또 한 번 인생의 전환점을 맞게 되는 계기였습니다. 2000년 봄, 제가 살고 있는 이곳에서 선재스님의 사찰 요리 전시회를 주최하면서 음식의 중요성을 깨닫게 되었습니다. 차와 음식은 뗄 수 없는 관계이며 정신을 건강하게 하는 다도와 몸을 건강하게 하는 음식의 중요성을 새삼 깨달았습니다.

지금까지 항상 정직하게 노력하는 삶을 통해 자연과 조화된 엄마의 따뜻한 마음이 깃들어 푸근한 행복감을 주는 밥상을 차려보고자 했습니다. 사실 그 밥상은 별다른 게 아니라 바로 제철에 나는 재료와 조상의 얼이 담긴 전통 장류를 기본으로 정성만 있으면 누구나 손쉽게 차려낼 수 있는 시골 엄마의 평범한 밥상입니다.

제가 이 책을 내면서 단 한 사람이라도 즐거이 마음에 점두하는 이가 있다면 기쁨이 크겠습니다. 또 제가 지금까지 해온 일에 항상 모든 지원을 아끼지 않은 모든 분들께 감사드리며 이 책이 건강하고 행복한 밥상을 만드는 데 조금이나마 보탬이 되기를 바랍니다.

따뜻한 이른 봄에 배명자

추천사

밥은 생명이고 사랑입니다

물 맑고 공기 좋은 대구 팔공산 자락에서 시간과 정성을 들여 전통 방식대로 장을 담그고 또 그것으로 음식을 만들어 대접을 하는 어머니와 아들이 있습니다. 바로 '노고추'와 '와촌식품'의 모자입니다. 이들과 인연을 맺은 지 벌써 십수 년이 넘었습니다.

음식을 맛보면 그 사람이 어떤 사람인지, 어떤 마음으로 음식을 만드는지 느낄 수 있습니다. 와촌 어머니는 마음이 맑고 고운 분입니다. 청정한 음식을 만들고자 노력하는 분이기도 합니다. 이제는 대구의 명소가 된 '노고추'에서 '차와 사찰음식'이란 주제로 전시를 열고 사찰음식을 강의한 적이 있습니다. 그때 제가 소개한 사찰음식을 밤새도록 연습해가며 손에 익히시더군요. 그런 어머니의 손끝에서 만들어진 음식은 진솔하고 정직합니다.

저는 「선재 스님의 사찰음식」과 「선재 스님의 이야기로 버무린 사찰음」을 통해 '때 아닌 때에 먹지 않고 필요한 때에 적절히 먹는 음식'이 바로 약이라고 이야기했습니다. 또 그런 음식이야말로 생명을 위한 음식이라고도 했습니다. 객지에 나가 험한 밥을 먹는 자식들을 생각하면서 제철 식재료와 천연 양념으로 차린 소박하지만 정갈한 엄마의 밥상에는 음식을 약으로 먹는 마음과 사랑이 담겨 있습니다.

시골 엄마의 마음으로 차린 밥은 자연의 맛이요, 세상에서 가장 고맙고 따뜻한 밥입니다. 그 밥은 사랑이고 생명 그 자체이기 때문입니다.

선재사찰음식문화연구원장 선재

차례

입맛 돋우는 봄 요리

더위 극복을 위한 여름 요리

밥상이 풍성해지는 가을 요리

온기 가득한 겨울 요리

Special Page

열두 달 열두 가지 나물

엄마의 비밀 요리 수첩

사람들이 제 음식을 맛보고는 도대체 어디서 재료를 구하며
무슨 양념으로 맛을 내느냐며 특별한 비밀 양념이라도 있는지 묻곤 합니다.
아들과 함께 담근 된장과 간장, 고추장에 간장 소스와 초피액젓, 맛국물,
설탕 대신 쓰는 청 몇 가지가 전부라고 말하면 아무도 믿지 않는 표정입니다.
사계절 자연의 순리대로 살면서 얻은 귀한 양념과 재료의 맛을 살리는
요리 비법을 소개합니다.

된장

가을부터 메주를 준비해서 이듬해 음력 정월이 되면 장을 담급니다. 단지에 메주와 간수를 뺀 천일염을 녹인 소금물을 넣고 담그는데 해마다 철저히 음용수 수질 검사를 통과한 팔공산의 암반층을 뚫고 뽑아내는 지하수와 아침부터 해질 때까지 그림자 없이 비쳐주는 청정 햇살, 오랜 세월 묵묵히 장을 맛있게 익혀주는 항아리가 우리집 장맛의 비결입니다. 이렇게 담은 된장은 된장찌개는 물론이거니와 생된장에 채소를 다져 넣고 양념을 만들어 된장 비빔밥을 해 먹어도 맛있습니다.

고추장

찹쌀을 가루 내어 엿기름과 함께 삭히고 달여 햇볕에 말린 태양초 고춧가루와 메줏가루, 간수를 뺀 천일염을 항아리에 버무려 놓으면 맛있는 고추장이 됩니다. 고추장은 찌개를 끓일 때 사용하기도 하고 비빔밥의 양념으로 주로 먹습니다.

청국장

청국장은 콩을 가마솥에 넣고 장작불로 삶아 황토방에서 발효를 시킵니다. 가마솥에 장작불을 때면서 콩을 삶아보면 일반 가스불로 콩을 삶을 때와는 확연한 차이가 있습니다. 많은 양을 삶아도 가마솥 안에서 골고루 익는 것도 그렇거니와 불내음으로 인해 콩이 더 고소한 맛을 냅니다. 잘 삶은 콩을 대바구니에 옮겨 담고 황토방에서 24시간 정확한 온도에 발효시키면 청국균이 제대로 만들어져 청국장의 특유한 냄새 없이 끈적끈적하게 만들어집니다. 청국장은 청국장무침이나 청국장찌개로 맛있게 먹습니다.

간장

간장은 된장을 담그면 자연스레 나오게 되어 있습니다. 장맛이 좋다는 것은 주로 간장을 의미합니다. 메주를 천일염을 녹인 소금물에 담가 숙성시키면 그 물이 바로 간장이 됩니다. 간장은 된장을 만들기 위해 메주를 건지는 방법과 된장을 만들지 않고 메주를 건지지 않아 그냥 숙성시키는 방법으로 나뉩니다. 깊은 맛을 내기 위한 기본 조건은 숙성기간입니다. 오래된 장이 맛있다는 것은 장이 익어갈수록 내는 맛의 차이가 크기 때문입니다.

간장 소스(맛간장)

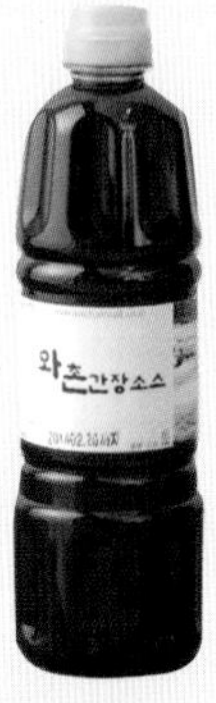

간장 소스는 한식 간장에 멸치, 다시마, 표고버섯, 무, 양파, 마늘, 생강, 당근, 양배추, 사과, 검은콩 등을 가마솥에 넣고 장작불을 지펴 12시간 이상 달여야 완성됩니다. 맛간장이나 조림간장으로 보면 되는데 이 책에서 소개한 레시피에는 '맛간장'으로 표기했습니다. 우엉잡채의 간을 맞출 때도 사용하고 불고기 양념이나 생선조림 양념을 만들 때 특히 요긴합니다.

초피액젓

초피액젓은 멸치액젓입니다. 초피는 경상도에선 재피라고 불리며 추어탕이나 어탕 등의 비린맛을 없애고 매운맛을 돋우는 용도로 많이 쓰입니다. 남해에서 잡아올린 신선한 멸치와 간수 뺀 천일염과 초피를 장독에 넣고 1년 이상 숙성시키면 비린 향이나 비린 맛이 나지 않는 맛있는 초피액젓을 얻을 수 있습니다. 이는 동남아시아의 피시소스와도 비슷한 개념입니다. 초피액젓은 감칠맛이 뛰어나 봄철 나물 요리에는 필수로 사용하고 미역국이나 북엇국의 간을 맞추는 데도 사용합니다.

여러 가지 청

청 담그는 방법은 거의 비슷하여 설탕과 청 재료를 1:1의 비율로 담그면 됩니다. 일반적으로 담은 후 100일이 지나 건더기를 건져내고 액만 발효시켜 먹습니다. 이 중 도라지청은 기침이 날 때 따뜻하게 마시면 기침을 가라앉히고 민들레청은 피로감을 자주 느낄 때 마시면 좋고 오디청은 숙취에 좋아 소주와 함께 칵테일로 섞어 마시면 숙취가 생기지 않습니다. 도라지, 배, 쑥, 돌나물, 미나리, 산야초, 오디 등을 청으로 담가 겨울에는 따끈한 물에, 여름에는 얼음물에 타 마시곤 합니다. 매실청이나 오미자청은 설탕 대신 단맛을 내는 양념, 탕수 소스, 샐러드 드레싱 등으로 활용합니다.

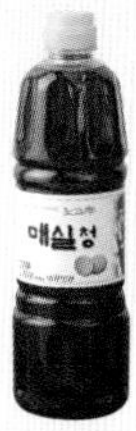

매실청 밀양 배냇골의 조선종 매실을 구해 매실청을 담급니다. 개량종보다 알의 크기는 작으나 그 향은 얼마나 진한지 말로 표현을 다 못합니다. 오미자청과 함께 매실청은 요리 재료로 없어서는 안됩니다. 설탕을 사용해야 할 경우 매실청을 사용하며 탕수 요리의 소스로 활용하면 새콤달콤한 맛을 냅니다.

오미자청 8월이 되면 문경과 상주에서 오미자가 많이 생산되는데 최상품의 오미자로 청을 담급니다. 설탕과 함께 단지에 넣어 석 달 동안 숙성시킨 후 오미자 알갱이를 걸러내고 다시 2차 숙성을 시키면 새콤달콤한 오미자청이 됩니다. 별다른 양념 없이도 훌륭한 샐러드 소스로 사용이 가능하고 여름철 탄산음료 대신 얼음과 찬물에 타서 마시면 갈증 해소에도 좋습니다. 탄산수를 섞어 마시면 청량감이 더해져 더욱 좋습니다.

맛국물

육수는 집집마다 만드는 방법이 다양하지만 제 육수 비법은 채소를 넣지 않고 멸치, 다시마, 마른 표고버섯만으로 끓이는 것입니다. 보통 무나 대파, 양파 등의 채소를 넣어 끓이는데 이 책에 소개한 맛국물에는 채소를 넣지 않았습니다. 집에서 한번 육수를 끓이면 때에 따라 며칠씩 두고 먹는 경우가 많은데 채소가 들어가면 쉽게 상할 수 있고 무나 양파의 단맛이 어울리지 않는 음식에는 사용할 수 없기 때문입니다. 채소는 요리에 따라 즉석에서 넣어 먹는 것이 더 맛있습니다.

재료
물 4ℓ
멸치 100g
다시마(가로, 세로 17~18cm 크기) 4장(100g)
마른 표고버섯 8~10개(100g)

맛국물은 모든 국물 요리의 기본이 되므로 재료를 가장 좋은 것으로 사용해야 쓴맛이나 잡맛이 없습니다. 곰솥에 물 600㎖를 넣고 젖은 면포로 깨끗이 닦은 다시마를 넣어 1시간 정도 불려 불에 올려 끓입니다. 다시마는 오래 끓이면 쓴맛이 나니 끓기 시작하면 조금 후에 건져냅니다. 마른 팬에 볶아 수분을 없앤 멸치와 마른 표고버섯을 넣고 다시 끓여 끓기 시작하면 중간 불로 줄여 30분 정도 끓입니다. 표고버섯은 생것보다 마른 것이 향과 맛이 더 진합니다. 이렇게 끓인 육수는 체에 걸러 국물 요리는 물론 잡채나 볶음 요리에도 사용합니다.

엄마의 비밀 팁
맛국물만 사용하는 요리와 맛국물과 생수를 함께 사용하는 요리로 나눕니다. 그 이유는 재료의 맛을 살릴 필요가 있는 요리에는 생수를 사용하고 천연 조미료의 역할로 약간의 맛국물을 씁니다.

쌀조청

조청은 엿기름을 식혜 만들 듯 저온으로 발효시켜 그 물을 짜서 찐 찹쌀과 함께 가마솥에 넣고 불을 지펴 12시간 정도 끓이면 만들어집니다. 전통적인 방법은 가마솥에 불을 때서 만드는데 불 조절이 무척이나 어렵고 까다롭습니다. 더군다나 불을 지펴야 하는 시간이 아침 일찍 시작해도 다음 날 새벽까지 길어지며 자칫 잘못하면 딱딱해져 엿으로 변하기도 합니다. 만들기가 까다롭지만 엿기름을 삭힌 것이라 소화가 잘되도록 돕는 효과가 있습니다. 해바라기씨와 멸치를 같이 볶는 요리에 설탕 대신 넣고 우엉조림이나 연근조림 등 물엿 대용으로 사용합니다.

★ 쌀조청을 전기밥솥과 가스불로 만드는 법은 17쪽에 소개하였습니다.

★★★ 엄마의 기본양념에 소개한 양념 중 된장, 간장, 고추장, 간장 소스, 청국장, 초피액젓, 쌀조청, 매실청, 오미자청은 와촌식품(www.wachonfood.co.kr, 053-853-6656)에서 판매합니다.

된장과 간장 담그기

장의 기본은 메주입니다. 메주를 잘 띄워야 맛있는 된장과 간장, 고추장을 만들 수 있습니다.
집에서 메주를 만들려면 콩을 삶아 으깨어 틀이나 손으로 메주의 모양을 잡아 건조시켜야 합니다.
어느 정도 건조되면 메주를 발효시켰다가 다시 건조를 시킵니다.
이는 보통 일이 아닙니다.
집에서는 보통 메주를 구입하여 장을 담그는 게 훨씬 빠르고 쉽습니다.
메주는 크게 개량메주와 전통메주로 나뉩니다.
개량메주는 온도와 습도를 맞추고 종국균 등을 이용하여 일정한 품질로 대량생산한 것입니다.
시중에 팔고 있는 메주는 개량메주의 비율이 높은 편입니다.
전통메주는 만드는 시간이 오래 걸리고 메주의 맛이 일정하지 못하다는 단점이 있습니다.

엄마의 비밀 팁

장은 보통 음력 정월에 많이 담그는데 일찍 담그면 음력 12월부터 시작하여 늦으면 음력 3월까지도 담급니다. 소금물의 경우 염도계를 사용하여 염도 측정이 가능한데 선조들은 달걀을 이용하여 짠맛을 가늠했습니다. 소금물에 달걀을 넣어 달걀 표면이 500원짜리 동전만큼 떠오르면 염도가 맞다고 여겨 장을 담갔습니다. 일반적으로 염도는 지역에 따라 다릅니다. 날씨가 따뜻한 남쪽은 18%, 중부 지방은 20~22% 정도로 담급니다.

재료

메주 4덩이(1말)
물 30ℓ
소금 6되(약 11ℓ)
대추 3개
마른 고추 3개
참숯 3개

만드는 법

1. 항아리 소독하기

항아리는 깨끗이 세척하여 일광 소독을 한 다음 참숯을 달구어 넣고 참기름 1큰술을 숯 위에 부어 20분 정도 뚜껑을 덮어둡니다.

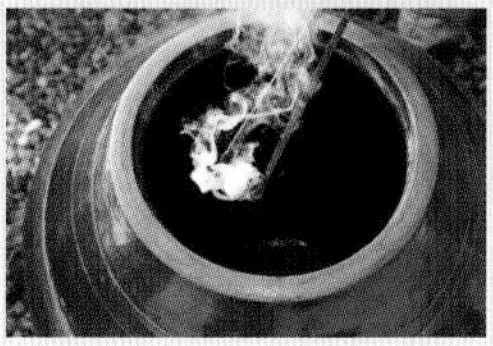

2. 소금 녹이기

소금은 장을 담그기 12시간 전에 미리 녹여둡니다. 녹일 때에는 면포나 거름망을 이용하여 바닥에 놓고 소금을 얹은 다음 물을 부어 소금을 녹이면 됩니다. 소금물을 12시간 정도 두면 바닥에 천일염에서 나오는 찌꺼기나 뻘 같은 것들이 가라앉으므로 불순물이 가라앉고 나면 위의 맑은 물만 사용합니다.

3. 메주 씻기

소금을 녹였으면 메주를 씻어놓습니다. 흐르는 물에 깨끗이 씻어 24시간에서 48시간 정도 물기를 말립니다.

4. 항아리에 메주 넣기

소독한 항아리에 말려놓은 메주를 넣습니다. 그런 후에 소금물을 붓습니다.

5. 숙성시키기

3개월 정도 숙성시킵니다.

6. 된장 거르기

메주와 물을 분리하는데 메주는 된장이 되고 소금물은 간장이 됩니다. 메주는 손으로 으깨어 적당한 단지에 다시 넣어둡니다. 으깰 때에는 간장과 물의 비율을 1:1로 섞어 메주와 같이 으깨면 촉촉한 된장을 얻을 수 있습니다. 또 된장은 싱거우면 변질될 위험이 있으므로 약간 짜게 담그는 것이 좋습니다.

7. 된장 보관하기

된장 단지는 깨끗이 닦아 망을 씌워 놓습니다. 된장과 간장은 볕이 좋은 날 뚜껑을 자주 열어주는 것이 좋습니다.

8. 간장 걸러 보관하기

거름망에 간장을 받쳐 단지에 넣고 단지의 겉을 깨끗이 닦아 망을 씌우고 3개월 정도 숙성시킵니다. 깨끗한 간장을 원한다면 면포에 간장물을 거르면 됩니다.

고추장 담그기

재래식 고추장은 선조들로부터 내려오는 방식으로 담그기가 번거로워서 요즘엔 많이들 사 먹지만 기회가 된다면 만들어 보라고 권하고 싶습니다. 1년을 두고 먹을 수 있으며 간장, 된장과 함께 집 안 모든 음식의 기본이 되는 양념입니다. 고추장을 담가본 적이 없는 주부도 집에서 조금씩 만들어볼 수 있도록 적은 양의 레시피를 소개합니다.

엄마의 비밀 팁

싱거우면 고추장 맛이 변할 수 있으니 조금 짜게 담그는 것이 좋습니다. 또 멥쌀이나 보리쌀, 밀가루로 담그면 찌개용으로 좋습니다.

재료

엿기름 1kg
물 10ℓ
찹쌀가루 1kg
고춧가루 600g
메줏가루 200g
소금 7큰술

만드는 법

1. 엿기름 우리기

큰 용기에 물 10ℓ를 네번에 나눠 넣고 입구를 묶은 엿기름 주머니를 넣고 더 이상 우러나오지 않을 때까지 주물주물합니다.

2. 엿기름물에 찹쌀가루 넣어 삭히기

엿기름물에 찹쌀가루를 넣어 섞고 전기밥솥(50인분용)에 넣어 5시간 정도 보온에 두어 잘 삭힙니다. 물에서 단맛이 나기 시작하면 회색빛이 돕니다.

3. 졸이기

삭힌 찹쌀가루와 엿기름물을 가스 불에 올려 양이 4분의 1로 줄어들 때까지 4시간 정도 중간 불로 졸입니다.

4. 고춧가루와 메줏가루, 소금 섞기

다 졸여지면 충분히 식힌 다음 고춧가루를 넣어 섞은 다음 메줏가루를 넣어 섞고 소금을 넣고 버무립니다.

쌀조청 만들기

40대 이상이라면 어릴 적 집에서 엄마나 할머니가 해주던 조청의 맛을 기억하는 이들이 꽤 있을 겁니다. 만드는 법은 단순하지만 시간이 오래 걸려 요즘에는 조청을 직접 달이는 집이 많이 줄어들었다고 합니다. 그런데 조청의 단맛은 설탕의 단맛과는 완전히 다른 맛입니다. 그래서 요리할 때 설탕 대신 조청으로 깊고 진한 단맛을 내기도 합니다. 명절에 떡을 찍어 먹거나 기침이 날 때 먹어도 좋습니다.

엄마의 비밀 팁

쌀조청을 만들 때 찹쌀뿐 아니라 멥쌀로 만들어도 됩니다. 매실이나 도라지조청, 무조청, 호박조청 등 취향에 따라 다양한 조청을 만들 수도 있습니다. 또 엿기름을 거르지 않고 주머니에 싸서 전기밥솥에 바로 삭혀도 됩니다.

재료

찹쌀 2kg

엿기름 1kg

물 10ℓ

만드는 법

1. 찹쌀 불리기

찹쌀은 물에 씻어 3시간 정도 불립니다.

2. 찹쌀 찌기

찜기에 면포를 깔고 불린 찹쌀을 1시간 정도 찌거나 전기밥솥에 밥을 짓습니다.

3. 엿기름 우리기

큰 용기에 물 10ℓ를 네번에 나눠 넣고 입구를 묶은 엿기름 주머니를 넣고 맑은 물이 나올 때까지 손으로 주물주물합니다.

4. 삭히기

엿기름물에 찐 찹쌀을 섞어 전기밥솥(50인분용)에 넣어 4~5시간 정도 보온에 두어 잘 삭힙니다. 밥알이 삭으면 위에 동동 뜹니다.

5. 밥알 걸러내기

삭힌 찹쌀물을 보자기에 넣어 물만 꼭 짜서 건더기는 버립니다.

6. 찹쌀물 달이기

찹쌀물을 솥에 붓고 끓으면 중간 불로 줄여 5~6시간 정도 달이다가 작은 거품이 올라오면 불을 약하게 줄이고 30분에서 1시간 정도 더 달이고 불을 끄고 식힙니다.

입 맛 돋우는

봄 요리

봄은 역동의 계절입니다. 움츠렸던 겨울을 지나 우리의 몸이 활발하게 활동을 시작하는 시기입니다.

그래서 모든 영양소의 균형 있는 공급이 필요합니다. 봄 요리는 거의 대부분이 나물 요리입니다.

쓴맛이 나는 봄철 봄나물은 겨울 동안 체내에 쌓인 노독을 풀어주며 춘곤증으로 잃은 입맛을 돋워줍니다.

사계절 중 가장 먼저 찾아오는 봄, 그 봄을 맞아 봄 요리를 시작하려고 합니다.

쑥전:

봄소식과 함께 가장 먼저 찾아오는 봄나물은 무기질과 비타민이 풍부한 쑥이다. 주변에 흔하게 널려 있는 쑥은 여러 가지 재주꾼이다. 봄의 전령사답게 따뜻한 기운의 대명사이기도 한데 소화흡수를 돕고, 간의 활동을 도우며, 몸을 따뜻하게 하는 효과가 있어 여자에게 매우 좋다. 봄철에는 쑥을 그대로 사용하고 다른 계절에는 냉동 보관하면 일 년 내내 쑥을 먹을 수 있다. 그래도 제철에 나는 쑥이 맛과 향이 가장 좋다. 여리고 부드러운 쑥으로 쑥국도 끓이고 쑥전, 쑥차, 쑥설기를 해 먹거나 다른 채소와 함께 즙을 내서 마시기도 한다.

엄마의 비밀 팁

쑥전은 물로 반죽해도 되지만 호박을 넣으면 쑥의 쌉싸래한 맛을 호박의 단맛이 잡아주므로 어린이도 먹기 좋습니다.

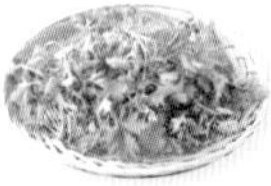

4인분

요리 시간 20분

재료

쑥 30g
애호박 1개(200g)
부침가루 6큰술(60g)
식용유 적당량

How to

1 쑥은 다듬어 씻어 잘게 썰고 애호박은 강판에 간다.

2 큰 그릇에 잘게 썬 쑥, 애호박, 부침가루를 넣어 반죽한다.

3 팬을 달궈 기름을 두르고 반죽을 한 숟가락씩 떠서 노릇노릇하게 지진다.

1

2

3

쑥 들깨탕:

이른 봄 땅을 박차고 올라오는 쑥의 양은 생각보다 많지 않다. 그런데 먼저 올라오는 쑥은 늦게 올라오는 쑥과 달리 향과 맛이 강하다. 쑥의 양이 조금 모자란다 싶으면 겨울철에 먹다 남은 시래기나 배추 잎을 넣어 국을 끓여도 이른 봄 쑥의 향을 즐길 수 있다. 쑥을 넉넉히 준비하여 들깨가루와 찹쌀가루를 넣어 끓이는 쑥 들깨탕은 입맛이 없는 봄철에 밥 대신 먹기에 좋다.

4인분

요리 시간 20분

재료

쑥 150g
맛국물 5컵
된장 2큰술
찹쌀가루 2큰술
들깨가루 2큰술

1

2

3

엄마의 비밀 팁

쑥은 고소한 콩가루를 묻혀 맑게 끓여도 좋습니다.

How to

1 쑥은 다듬어 씻어 체에 밭쳐 물기를 뺀다.

2 냄비에 맛국물을 담고 된장을 체에 걸러 푼다.

3 맛국물이 팔팔 끓으면 쑥을 넣고 5분 정도 끓인다.

4 찹쌀가루와 들깨가루를 넣고 중간 불로 3분 정도 끓인다.

쑥 설기:

예부터 쑥은 몸에 이롭다고 알려져 왔다. 몸을 따뜻하게 하는 효능이 있어 이른 봄에 맛보면 입맛도 살리고 몸에도 온기를 불어넣는다. 그래서인지 쑥떡, 쑥버무리, 쑥국 등 다양한 요리가 전해진다. 쑥설기는 집에 쌀가루만 있다면 간단하게 해 먹을 수 있는 봄 향기 가득한 봄 떡이다. 옛날에 시루떡을 만들 때는 시루에 떡가루를 담고 솥과 시루 사이에 김이 빠지는 것을 막기 위해 밀가루를 반죽하여 틈새를 막았다. 가끔씩 그 떡이 생각날 때 쑥설기로 입맛을 달랜다.

엄마의 비밀 팁

쑥을 삶아서 삶은 물과 같이 냉동 보관하면 색도 변하지 않고 쑥도 질기지 않아 맛있습니다. 젓가락으로 떡을 찔러보아 달라붙지 않으면 다 익은 것입니다.

How to

1 쑥은 다듬어 씻는다.

2 쑥을 잘게 썰어 쌀가루와 함께 믹서에 넣어 곱게 간다.

3 쑥가루에 소금을 넣고 잘 버무려 시루에 담는다.

4 찜기에 1ℓ 정도의 물을 붓고 베보자기나 면보자기를 깔고 시루를 얹어 찐다. 물이 끓기 시작하여 5분 정도는 센 불로 찌다가 중간 불로 줄여 15분 정도 찐다.

4인분

요리 시간 40분

재료

쑥 300g
찹쌀가루 100g
멥쌀가루 400g
소금 1작은술

2

3

4

달래 고추장무침:

냉이와 쑥과 함께 봄을 알리는 대표적인 봄나물로 손꼽히는 달래. 요즘에는 비닐하우스에서 재배되는 달래를 시절 없이 먹을 수 있지만 봄철에 들에서 캐는 달래는 알싸하게 매운맛이 나고 향은 물론 맛도 좋다. 달래는 고추장으로 매콤하게 무치거나 된장찌개에 넣어 끓이면 봄 향기를 물씬 풍긴다.

엄마의 비밀 팁

달래는 느타리버섯과 함께 전을 부쳐 먹어도 맛있습니다.

4인분

요리 시간 30분

재료

달래 200g
고추장 1큰술
초피액젓 1큰술
소금 1작은술
참기름 1큰술
깨소금 1큰술

대체 식재료

초피액젓 ▶ 집간장

1

2

How to

1 달래는 끓는 물에 소금을 넣고 30초 정도 데쳐 찬물에 헹궈 물기를 뺀다.

2 데친 달래를 먹기 좋은 크기로 자르고 고추장, 초피액젓, 소금, 참기름을 넣어 조물조물 무친 다음 깨소금을 뿌린다

달래 겉절이:

달래로 겉절이를 만들 때에는 매실청과 식초를 넣어 새콤달콤하게 맛을 내면 한결 깊은 맛이 난다. 달래는 마늘 대용으로 쓸 정도로 매운맛이 나니 달래 요리에는 마늘을 넣지 않는다.

엄 마 의 비 밀 팁

달래는 오이와 함께 무쳐 먹어도 맛있고 된장찌개에 넣어도 봄을 느낄 수 있습니다.

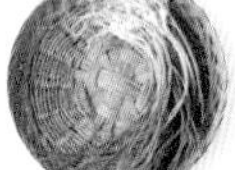

4인분

요리 시간 20분

재료

달래 200g
초피액젓 1큰술
고춧가루 1큰술
매실청 2큰술
식초 1큰술
참기름 1큰술
깨소금 1큰술

대체 식재료

초피액젓 ▶ 소금, 집간장

How to

1 달래는 다듬어 씻어 적당한 크기로 썬다.

2 큰 그릇에 달래와 양념 재료를 모두 넣고 가볍게 버무린다.

2

원추리 된장국:

들이나 산에서 자라는 원추리는 망우초라고도 하는데 근심을 잊게 해준다는 뜻이다. 뿌리는 한약재로 쓰고 이른 봄에 나오는 여린 잎은 나물로 먹기도 한다. 원추리라 하면 꽃을 떠올리지만 초봄의 여린 원추리는 나물이나 전, 장아찌, 된장국 등을 만들면 정말 맛있다. 단백질과 비타민, 무기질을 함유한 원추리는 봄에 맛보면 좋은 건강 채소이지만 독성이 있어 날로 먹으면 설사를 하므로 반드시 익혀 먹는다.

4인분

요리 시간 30분

재료

원추리 120g
소금 1작은술
맛국물 4컵
된장 1큰술
고추장 1큰술
다진 마늘 1큰술

1

3

4

How to

1 끓는 물에 소금을 넣고 원추리를 1분 정도 데친 다음 찬물에 헹궈 물기를 꼭 짠다.

2 데친 원추리는 먹기 좋은 2cm 길이로 자른다.

3 냄비에 맛국물을 붓고 된장을 체에 걸러 푼 다음 고추장을 넣고 끓인다.

4 국물이 끓으면 데친 원추리를 넣고 10분 정도 중간 불로 끓이다가 다진 마늘을 넣는다.

원추리 고추장무침:

원추리는 이른 봄 잎이 올라오고 7월 초가 되면 노란 꽃을 볼 수 있다. 원추리의 잎은 나물로 무쳐 먹고 국도 끓여 먹는데 이른 봄에 만난 원추리를 새콤달콤하게 나물로 무쳐 먹는 것이 별미 중에 별미다.

엄마의 비밀 팁

달큰한 맛이 나는 원추리는 물엿을 넣지 않은 재래식 고추장으로 무쳐야 깔끔하게 매운맛이 나면서 풍미가 삽니다. 그러나 원추리에는 독성이 있으므로 너무 많이 먹으면 좋지 않습니다.

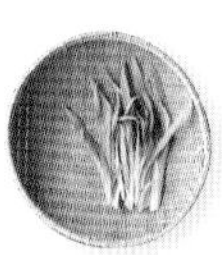

4인분

요리 시간 20분

재료

원추리 100g
소금 1큰술
참기름 1큰술
맛간장 1큰술
고추장 1큰술
다진 마늘 1작은술
식초 1큰술
통깨 1작은술

대체 식재료

맛간장 ▶ 집간장

How to

1 원추리는 다듬어 씻어 끓는 물에 소금 1큰술을 넣고 2분 정도 데쳐 찬물에 헹궈 물기를 꼭 짠다.

2 데친 원추리를 그릇에 살살 펴 담고 참기름, 맛간장, 고추장, 다진 마늘, 식초를 넣고 골고루 무치고 통깨를 뿌린다.

1

2

두릅무침:

봄철에 나오는 두릅의 새순은 중추신경을 흥분시켜 대뇌 작용을 활발하게 하여 정신적인 피로를 풀어주는 데 매우 효과적이라고 한다. 특히 두릅은 나른한 봄에 춘곤증이 몰려와 온몸의 세포들이 잠을 청할 때 춘곤증을 몰아내는 역할을 한다. 비타민 C, 단백질, 칼슘, 철분, 사포닌 등도 풍부하다. 보통 두릅은 데쳐서 초고추장에 찍어 먹거나 나물로 무쳐 먹는데 김치나 장아찌를 담가도 맛있다.

4인분

요리 시간 20분

재료

두릅 150g(약 15~20줄기)
소금 1작은술
초피액젓 1큰술
참기름 1큰술
깨소금 1큰술

대체 식재료

초피액젓 ▶ 집간장, 고추장

엄마의 비밀 팁

두릅은 길이가 짧고 통통한 것이 좋으며, 데쳐서 초고추장을 곁들이는 것이 가장 흔한 조리법입니다.

How to

1 두릅은 다듬을 때 윗부분의 보라색 부분을 제거한다.

2 끓는 물에 소금 1작은술을 넣고 두릅을 2분 정도 데쳐 찬물에 헹궈 큰 두릅은 먹기 좋게 3~4cm 길이로 자른다.

3 큰 그릇에 두릅과 양념 재료를 넣고 고루 버무린다.

2

3

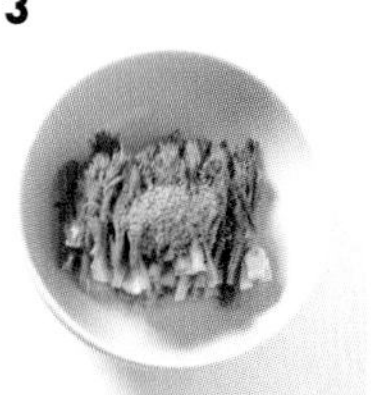

취나물
무침:

봄에 채취하는 취나물은 향이 정말 좋다. 데쳐서 액젓과 참기름, 통깨만 넣고 조물조물 무쳐 먹으면 봄을 다 먹은 듯하다. 다른 나물보다 향이 진해 갖은 양념을 넣지 않고 담백하게 무쳐야 겨우내 취나물을 기다린 보람을 느낄 수 있다. 취나물은 따뜻한 성질을 지닌 산나물로 혈액순환을 돕고 지방분해 효능이 뛰어나 기름진 음식과 함께 먹으면 좋다고 알려져 있다.

엄마의 비밀 팁

성인병과 치매예방에도 좋은 취나물은 지역마다 종류가 다양하고 맛도 다양합니다.

4인분

요리 시간 20분

재료

취나물 150g
소금 1큰술
초피액젓 1큰술
참기름 1큰술
통깨 1큰술

대체 식재료

초피액젓 ▶ 집간장

How to

1 취나물은 끓는 물에 소금을 넣고 1분 정도 데쳐 찬물에 헹궈 손으로 물기를 짠다.

2 데친 취나물은 한입 크기로 짤막하게 썬다.

3 큰 그릇에 취나물을 살살 펴 담고 초피액젓, 참기름, 통깨를 넣고 조물조물 무친다.

3

취나물 장아찌:

20인분

요리 시간 30분

재료

취나물 500g
물 3컵
집간장 1컵
맛간장 1컵
식초 1컵
매실청 1컵

대체 식재료

맛간장 ▶ 진간장

2

3

How to

1 취나물은 다듬어 씻어 체에 밭쳐 물기를 뺀다.

2 냄비에 물 3컵, 집간장, 맛간장, 식초를 넣고 3분 정도 끓여 식힌 다음 매실청을 넣고 섞는다.

3 큰 그릇이나 저장 용기에 취나물을 담고 끓인 간장물을 붓는다.

4 냉장고에 넣었다가 사나흘이 지나면 맛을 보고 장아찌의 간장물을 따라내 끓여 식혀서 붓는다.

머위나물:

머위는 비타민 A와 칼슘이 풍부한 알칼리성 식품으로 겨울 동안 쌓인 독을 풀어주고 입맛을 나게 하며 중풍을 예방하는 효과도 있다고 한다. 머위의 쌉싸래한 맛은 봄날의 입맛을 돋워주니 된장이나 고추장에 무쳐 먹기도 하고 전으로 부쳐 먹으면 좋다.

엄마의 비밀 팁

머위의 어린잎을 사과와 함께 갈아 주스로 마시거나 생채로 무쳐 먹어도 맛있습니다.

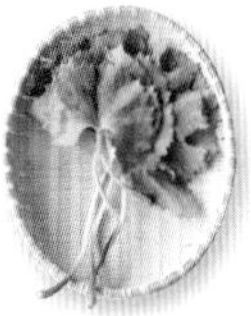

4인분

요리 시간 20분

재료

머위 150g
된장 1큰술
다진 마늘 1큰술
참기름 1큰술
깨소금 1작은술

1

3

How to

1 머위는 다듬어 씻어 끓는 물에 3분 정도 데친다.

2 데친 머위는 찬물에 헹궈 물기를 짜서 적당한 크기로 썬다.

3 큰 그릇에 머위를 담고 된장, 다진 마늘, 참기름, 깨소금을 넣어 조물조물 무친다.

머위잎전:

봄의 나른함을 풀어주는 머위는 잎도 먹고 줄기도 먹는 알뜰한 나물이다. 잎이 여릴 때에는 데쳐 나물로 무치거나 전을 부쳐 먹고 쌉싸래한 맛을 즐긴다면 국을 끓이면 좋다. 또 머위 잎이 크면 데쳐 쌈으로 먹어도 맛있다. 그런데 머위 잎이 너무 크고 억세서 쌈으로 먹을 수 없을 때는 머윗대를 삶아 들깨가루를 넣고 볶아 먹는다.

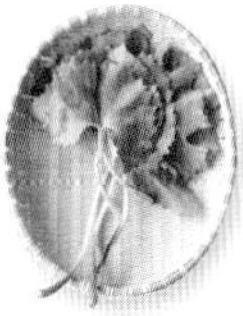

4인분

요리 시간 20분

재료

머위 50g
부침가루 5큰술
물 3/4컵
달걀 1개
식용유 적당량

엄마의 비밀 팁

전을 부치기 직전에 반죽을 묻혀서 지져야 식감이 살아 있습니다. 또 부침가루에 소금 간이 되어 있으므로 소금은 따로 넣지 않아도 됩니다.

How to

1 머위는 다듬어 씻는다.

2

2 큰 그릇에 부침가루, 물, 달걀을 넣고 고루 섞는다.

3

3 팬을 달궈 기름을 두르고 머위 잎을 반죽에 묻혀 2~3분 정도 지진다.

돌나물 초고추장무침:

돌나물은 돌이나 바위틈에서 많이 자란다 하여 이름 붙여졌으며 돈나물이라고도 부른다.
노지에서 자란 돌나물은 특유의 향과 쌉싸래한 식감을 지녀 지친 봄에 활력을 준다.

엄마의 비밀 팁

돌나물은 익히면 잎이 흐물흐물해지면서 식감이 없어져 생것으로 요리해야 합니다. 간에 좋다고 알려진 돌나물을 설탕과 1:1의 비율로 담아 청을 만들어 요리할 때 설탕 대신 쓰면 좋습니다.

How to

1 초고추장 재료를 모두 섞어 초고추장을 만든다.

2 돌나물은 다듬어 씻어 접시에 담고 초고추장을 뿌린다.

4인분

요리 시간 10분

주재료

돌나물 200g

초고추장 재료

고추장 2큰술
다진 마늘 1큰술
매실청 1/4컵
생강즙 1큰술
식초 3큰술

돌나물무 물김치:

10인분

요리 시간 30분

주재료

돌나물 150g
무 1/4개(200g)
쪽파 4~5대
홍고추 1개
초피액젓 3큰술
매실청 3큰술
소금 2작은술
다진 마늘 1큰술
다진 생강 1작은술
고춧가루 1큰술

밀가루풀 재료

물 1ℓ
밀가루 2큰술

대체 식재료

초피액젓 ▶ 소금
매실청 ▶ 배 1/2개

돌나물 물김치에 무를 넣어 담그면 무의 시원한 맛이 새싹처럼 파릇파릇한 돌나물의 상쾌한 맛과 잘 어우러진다. 배를 넣으면 시원한 단맛이 나 좋다. 담가서 바로 먹어도 좋지만 하루 정도 상온에서 익혀 먹으면 더 맛있다.

엄마의 비밀 팁

소금으로 간을 해도 되지만 액젓을 넣으면 감칠맛이 납니다. 또 설탕 대신 매실청을 넣으면 단맛도 나고 배탈을 방지하는 효과도 있습니다.

How to

1 먼저 풀물을 끓여서 식힌다. 물 1ℓ에 밀가루 2큰술을 넣고 눌어붙지 않게 나무주걱으로 저어가며 중간 불로 10분 정도 끓여 풀을 쑤어 식힌다.

2 돌나물은 다듬어 씻고 무는 가로, 세로 2cm, 두께 0.5cm 크기로 썰고 쪽파는 2cm 길이로 썰고 홍고추는 씨를 빼서 채 썬다.

3 큰 그릇에 밀가루풀을 담고 초피액젓, 매실청, 소금을 넣어 골고루 섞는다.

4 돌나물, 무, 쪽파, 홍고추를 넣고 면주머니에 다진 마늘, 다진 생강, 고춧가루를 넣고 묶은 다음 주머니째 넣는다.

5 재료를 잘 섞어 하루 정도 상온에서 익혀 먹는다.

3

4

참비름 나물:

참비름은 오래 먹으면 장수한다 하여 장명채라고도 불린다. 농촌에서 흔하게 먹던 추억의 나물이 요즘은 건강 채소로 주목받고 있다. 칼슘, 칼륨, 비타민이 풍부하며 특히 혈액순환을 원활하게 해준다고 한다. 3~4월에 시장에 나오는 참비름나물은 다른 봄나물처럼 끓는 물에 살짝 데쳐 기본양념으로만 무치면 담백하게 즐길 수 있다.

엄마의 비밀 팁

참비름나물은 고추장에 무쳐 먹어도 맛있습니다.

4인분

요리 시간 20분

재료

참비름 200g
소금 1작은술
초피액젓 1큰술
참기름 1큰술
통깨 1큰술

How to

1 참비름은 다듬어 끓는 물에 소금을 넣고 살짝 데쳐 찬물에 헹궈 물기를 짠다.

2 데친 참비름나물은 한입 크기로 썬다.

3 큰 그릇에 참비름나물을 살살 펴 담고 초피액젓, 참기름, 통깨를 넣고 조물조물 무친다.

1

3

돌미나리 두부무침:

습지에서 재배되는 미나리와 달리 돌미나리는 밭에서 자라는 야생 미나리라 일반 미나리보다 향이 더 진하다. 돌미나리의 비타민은 숙취 해소에 도움을 주며 간의 독을 풀어준다고 한다. 돌미나리는 겉절이나 살짝 데쳐 먹는다.

엄마의 비밀 팁

미나리에 두부를 곁들여 식감이 부드럽고 봄철 자칫 부족할 수 있는 단백질을 보충하기에도 좋습니다.

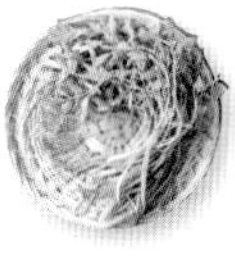

4인분

요리 시간 30분

재료

돌미나리 200g(약 1/2단)
소금 1큰술
두부 1/2모
초피액젓 2큰술
참기름 1작은술
깨소금 2작은술

대체 식재료

초피액젓 ▶ 집간장

How to

1 끓는 물에 소금을 넣고 돌미나리를 1분 정도 데쳐 찬물에 헹군다.

2 데친 돌미나리의 물기를 짠 다음 적당한 크기로 썬다.

3 큰 그릇에 두부를 으깨 넣고 돌미나리를 넣은 다음 초피액젓, 참기름, 깨소금을 넣고 무친다.

3

돌미나리 겉절이:

돌미나리는 단으로 팔지 않고 봉지나 바구니에 담아 파는 것을 볼 수 있다. 습기가 많은 계곡이나 들에서 자란 것을 돌미나리라 부르는데, 길이가 짧고 줄기에 붉은색을 띤다. 식감이 좋은 돌미나리는 요리법도 쉽다. 새콤달콤하게 겉절이로 만들어도 좋고 초고추장만 곁들여도 맛있다.

엄마의 비밀 팁

돌미나리와 동량의 설탕을 넣고 100일 정도 두었다가 돌미나리를 건져내면 미나리청을 만들 수 있습니다. 미나리청은 물에 타 마시면 간의 해독 작용을 돕고, 사과와 함께 즙을 내어 마시면 변비와 간에 좋다고 합니다.

4인분

요리 시간 20분

재료

돌미나리 200g(약 1/2단)
고춧가루 1큰술
초피액젓 1큰술
매실청 1큰술
식초 1작은술
참기름 1큰술
깨소금 1작은술

대체 식재료

초피액젓 ▶ 집간장

How to

1 돌미나리는 다듬어 씻어 적당한 크기로 썬다.

2 큰 그릇에 돌미나리를 펼쳐 담고 고춧가루, 초피액젓, 매실청, 식초, 참기름, 깨소금을 넣어 가볍게 무친다.

2

돌미나리 나물:

초봄부터 초여름까지 나는 미나리는 고혈압과 급성, 만성 간염에 좋은 채소로 알려져 있다. 미나리는 생으로 무치기도 하고 데쳐서 무치기도 한다. 데쳐서 나물 요리를 만들 때는 아주 살짝만 데쳐야 질겨지지 않는다. 또 양념도 과하게 하지 않아야 미나리 향이 산다.

4인분

요리 시간 20분

재료

돌미나리 200g(약 1/2단)
소금 1작은술
초피액젓 1큰술
참기름 1큰술
통깨 1큰술

대체 식재료

초피액젓 ▶ 집간장

엄마의 비밀 팁

돌미나리가 없으면 미나리를 살짝 데쳐 미나리강회를 해먹거나 오징어를 곁들여 먹어도 좋습니다.

How to

1 돌미나리는 다듬어 끓는 물에 소금을 넣고 1분 정도 데쳐 찬물에 헹궈 물기를 짠다.

2 데친 돌미나리는 한입 크기로 썬다.

3 큰 그릇에 돌미나리를 살살 펴 담고 초피액젓, 참기름, 통깨를 넣고 조물조물 무친다.

2

총각무 김치:

엄마의 비밀 팁

새우젓은 육젓, 오젓, 추젓 등으로 나뉩니다. 육젓은 6월경, 오젓은 5월경, 추젓은 가을에 잡은 새우로 담근 젓갈을 말합니다.

총각무는 무청이 연한 어린 무를 말하는데 알타리무나 알무, 달랑무라고도 부른다. 봄의 총각무는 수분이 많지 않아 소금에 절이지 않아도 맛있다. 아삭한 무의 맛을 살린 봄김치를 맛보고 싶다면 기억해야 할 요리다.

10인분

요리 시간 30분

주재료

총각무 1단(1200g)
쪽파 10대
배 1/2개
고춧가루 6큰술
초피액젓 3큰술
새우젓 3큰술
매실청 3큰술
다진 마늘 1큰술
다진 생강 1작은술

찹쌀풀 재료

물 2컵
찹쌀가루 8큰술

1 2 3 4

How to

1 먼저 풀물을 끓여서 식힌다. 물 2컵에 찹쌀가루 8큰술을 넣고 눌어붙지 않게 나무주걱으로 저어가며 중간 불로 10분 정도 끓여 풀을 쑤어 식힌다.

2 큰 그릇에 찹쌀풀을 담고 배를 강판에 갈아 넣은 다음 고춧가루, 초피액젓, 새우젓, 매실청, 다진 마늘, 다진 생강을 넣고 골고루 섞는다.

3 총각무는 껍질을 벗기고 반으로 자르거나 4등분하고 쪽파는 다듬어 4~5cm 길이로 썬다.

4 총각무에 양념을 넣고 버무려 상온에서 2일 정도 익혀 먹는다.

쑥갓 나물:

국물 요리나 상추쌈 등 여러 요리에 감초처럼 사용하는 쑥갓은 몸이 나른한 봄철에 곁들이면 좋은 채소다. 생으로도 먹지만 살짝 데쳐 먹으으면 쑥갓의 본래 향과 맛을 제대로 음미할 수 있다.

4인분

요리 시간 20분

재료

쑥갓 200g
소금 1작은술
초피액젓 1큰술
참기름 1큰술
통깨 1큰술

대체 식재료

초피액젓 ▶ 집간장

엄마의 비밀 팁

텃밭에 심은 쑥갓은 봄이 되면 예쁜 노란 꽃이 피는데 줄기와 함께 튀겨 먹어도 맛있습니다.

1

3

How to

1 쑥갓은 다듬어 끓는 물에 소금을 넣고 살짝 데쳐 찬물에 헹궈 물기를 짠다.

2 데친 쑥갓은 한입 크기로 썬다.

3 큰 그릇에 쑥갓을 살살 펴 담고 초피액젓, 참기름, 통깨를 넣고 조물조물 무친다.

참나물은 독특한 향을 지닌 산채나물로 무기질, 비타민 등 각종 영양소가 풍부한 알칼리성 식품이다. 베타카로틴이 풍부하며 잎은 부드럽고 소화가 잘되며 섬유질이 많아 변비에도 좋다고 한다. 독특한 향과 맛을 지닌 참나물에는 특별한 양념을 하지 않아도 된다. 액젓으로 간을 맞추고 참기름과 통깨만 넣고 무치면 담백한 맛을 느낄 수 있다. 양념이 너무 강하면 나물의 고유한 향과 맛을 느끼기 힘드니 나물 요리는 심심한 듯 담백하게 요리한다.

엄마의 비밀 팁

참나물은 끓는 소금물에 1분 정도만 살짝 데칩니다. 참나물은 곤드레밥처럼 밥을 지어 먹어도 좋고 장아찌를 담거나 생으로 쌈을 먹거나 겉절이로 먹어도 맛있습니다.

4인분

요리 시간 20분

재료

참나물 150g
소금 1큰술
초피액젓 1큰술
참기름 1큰술
통깨 1큰술

대체 식재료

초피액젓 ▶ 집간장

1

3

참나물:

How to

1 참나물은 끓는 물에 소금 1큰술을 넣고 1분 정도 살짝 데쳐 찬물에 헹궈 물기를 짠다.

2 데친 참나물은 한입 크기로 썬다.

3 큰 그릇에 참나물을 살살 펴 담고 초피액젓, 참기름, 통깨를 넣고 조물조물 무친다.

고사리나물:

고사리는 '산에서 나는 쇠고기'로 불릴 정도로 단백질이 풍부하며 칼슘과 칼륨 등의 무기질 성분도 많이 함유하고 있다. 그러나 독성이 있어 생으로는 먹지 않고 데치거나 삶아 먹는다. 우리가 보통 먹는 고사리는 봄에 나온 것을 데쳐서 말린 것이다. 생고사리는 쌉싸래한 맛이 나기 때문에 말리면 쓴맛도 없고 미끌미끌한 식감도 사라진다. 경상도에서는 4월경 고사리가 나오기 시작하는데 나물로 만들어 먹고 한 해 동안 먹을 고사리를 말려두느라 바빠진다.

4인분

요리 시간 30분

재료

생고사리 200g
들기름 1큰술
맛국물 3/4컵
들깨가루 2큰술
초피액젓 2큰술

대체 식재료

초피액젓 ▶ 집간장

엄마의 비밀 팁

고사리는 뚜껑을 열고 삶아야 하는데 고사리 대를 손으로 눌러보아 눌러지면 다 삶아진 것입니다. 또 나물은 간을 세게 하면 안되는데 고사리나물도 심심하게 무쳐야 고사리 본래의 맛과 향을 느낄 수 있습니다. 질긴 나물은 들기름으로 볶으면 맛이 부드러워집니다.

How to

1 생고사리는 끓는 물에 10분 정도 삶는다.

2 삶은 고사리는 찬물에 헹군다.

3 고사리를 3~4cm 길이로 자르고 억센 부분은 떼어낸다.

4 냄비를 달궈 들기름을 두르고 고사리를 넣어 중간 불로 10분 정도 볶다가 맛국물, 들깨가루, 초피액젓을 넣고 살짝 더 볶는다.

1

4

방풍나물:

풍을 예방한다 하여 이름 붙여진 방풍(防風)나물은 특유의 향으로 입맛을 유혹한다. 나물로 무쳐 먹으면 쌉싸래하면서도 달짝지근한 맛이 나 잃었던 식욕이 살아난다. 방풍나물은 4월 초순에 여린 잎을 따서 나물로 먹거나 장아찌를 담근다.

엄마의 비밀 팁

팬에 한번 볶은 방풍나물은 씹히는 질감이 부드럽습니다. 방풍나물은 고추장에 무쳐 먹어도 맛있습니다.

4인분

요리 시간 20분

재료

방풍나물 150g
소금 1큰술
맛국물 5큰술
초피액젓 1큰술
들기름 1큰술
들깨가루 2큰술

대체 식재료

초피액젓 ▶ 집간장

How to

1 끓는 물에 소금 1큰술을 넣고 방풍나물을 2분 정도 삶아 찬물에 헹궈 물기를 짠다.

2 데친 방풍나물에 맛국물, 초피액젓, 들기름, 들깨가루를 넣고 조물조물 무친다.

3 팬을 달궈 방풍나물을 넣고 3분 정도 볶는다.

1

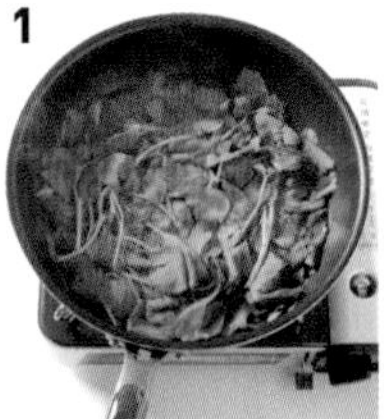

3

홑잎 나물:

홑잎은 야산에 자생하는 나무로 예전에는 흔했지만 요즘은 그렇지 않다. 홑잎나무의 순으로 나물을 해 먹는다는 것을 아는 사람도 많지 않다. 잎이 연할 때 먹는 나물은 제철이 아니면 맛보기 쉽지 않은데 홑잎나물은 맛이 담백하고 깔끔하니 특별한 양념을 넣지 않고 담백하게 무친다.

엄마의 비밀 팁

홑잎은 크기가 작아 데치기 전에 물에 씻으면 물에 흘러가는 게 더 많으니 데친 다음 헹굽니다. 다른 나물과 달리 나물 자체에 수분이 별로 없으니 물기를 너무 꼭 짜지 말아야 합니다.

4인분

요리 시간 20분

재료

홑잎 200g
소금 1큰술
초피액젓 1큰술
참기름 1큰술
통깨 1큰술

대체 식재료

초피액젓 ▶ 집간장

1

3

How to

1 홑잎은 끓는 물에 소금 1큰술을 넣고 1분 정도 살짝 데쳐 찬물에 서너 번 헹군다.

2 데친 홑잎의 물기를 가볍게 짠다.

3 큰 그릇에 나물을 살살 펴 담고 초피액젓, 참기름, 통깨를 넣고 조물조물 무친다.

마늘종 장아찌:

마늘종은 마늘만큼 맵지는 않지만 특유의 알싸한 맛으로 마늘속대, 마늘싹이라고 불린다. 식이섬유가 풍부하고 자양강장에 효과가 있다고 한다. 마늘종은 장아찌로 담가 먹기도 하고 볶거나 밀가루에 버무려 쪄 먹기도 한다. 마늘종 장아찌는 제철인 봄에 만들어 두고두고 먹을 수 있는 입맛을 돋우는 좋은 밑반찬이다.

엄마의 비밀 팁

설탕을 넣을 때는 간장과 함께 끓입니다. 매실청은 효소이기 때문에 살짝 식혀서 넣어야 합니다.

10인분

요리 시간 30분

재료

마늘종 500g
물 3컵
맛간장 1컵
식초 1컵
매실청 1컵
집간장 1컵

대체 식재료

맛간장 ▶ 진간장
매실청 ▶ 설탕

How to

1 마늘종은 씻어 3~4cm 길이로 썬다.

2 냄비에 물 3컵을 붓고 맛간장과 식초를 넣고 3분 정도 끓여 식힌 다음 살짝 식혀 매실청을 섞는다.

3 저장 용기에 마늘종을 담고 뜨거울 때 간장물을 부어 하루 정도 상온에 두었다가 냉장고에 넣어 열흘쯤 지나면 먹는다.

1

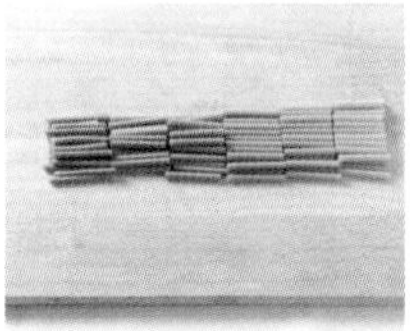

3

마늘종 새우볶음:

마늘종 새우볶음은 도시락 반찬의 단골손님일 정도로 보편적인 반찬이다. 국물도 흐르지 않고 채소와 건어물을 함께 섭취할 수 있으니 지혜로운 반찬이라 할 수 있다. 그러나 급식이 보편화된 요즘은 추억의 반찬이 되어가는 것 같이 안타깝기도 하다.

엄마의 비밀 팁

봄에 많이 나는 마늘종은 콩가루를 묻혀 쪄 먹어도 좋고 고추장에 조려 먹어도 맛있습니다. 설탕과 1:1로 청을 만들어 요리에 쓰기로 합니다.

4인분

요리 시간 20분

재료

마늘종 100g
들기름 2큰술
마른 새우 30g
맛국물 3큰술
맛간장 3큰술
조청 1큰술
통깨 1큰술

대체 식재료

맛간장 ▶ 진간장
조청 ▶ 물엿

1

2

3

How to

1 마늘종은 3~4cm 길이로 썰어 씻는다.

2 팬을 달궈 들기름을 두르고 마늘종을 볶는다.

3 마늘종을 1분 정도 살짝 볶다가 마른 새우를 넣고 볶는다.

4 맛국물을 두르고 맛간장으로 간을 해 버무린다.

5 마지막으로 조청을 넣고 살짝 볶은 다음 통깨를 뿌린다.

마늘종 쇠고기볶음:

이른 봄 마늘이 굵어지기 전의 마늘종은 마늘 못지않은 영양과 효능을 가지고 있다.
쇠고기와 함께 볶으면 고기의 담백함과 마늘종의 아삭한 식감이 입맛을 돋운다.

엄마의 비밀 팁

마늘종이 영양가가 풍부한 까닭은 마늘의 영양분이 먼저 마늘종으로 올라오기 때문입니다. 마늘종을 뽑아주지 않으면 마늘이 굵어지지 않아 시골에서는 마늘종이 올라오면 일손이 바빠집니다.

4인분

요리 시간 20분

재료

마늘종 100g
들기름 2큰술
쇠고기 등심 100g
맛간장 3큰술
조청 1큰술
통깨 1큰술

대체 식재료

맛간장 ▶ 진간장
조청 ▶ 물엿

How to

1 마늘종은 3~4cm 길이로 썰어 씻는다.

2 팬을 달궈 들기름을 두르고 쇠고기를 채 썰어 2~3분 정도 센 불로 볶는다.

3 마늘종을 넣고 약한 불로 줄여 2분 정도 볶다가 맛간장을 넣는다.

4 마지막으로 조청을 넣고 살짝 볶은 다음 통깨를 뿌린다.

1

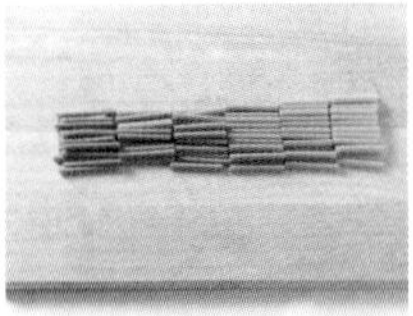

2

참죽 장아찌:

참죽나무는 4월 중순부터 어린 싹을 틔운다. 이 참죽나무의 어린순으로 만들어 먹는 나물을 참죽나물이라 한다. 참죽의 순은 향이 매우 독특하여 호불호가 극명하게 갈린다. 그러나 한번 맛을 들이면 그 맛에 중독된다. 봄에 나는 많은 나물이 그렇듯 참죽나물도 4월 중순을 시작으로 1~2주 정도만 잠깐 나는 귀한 나물이다. 그래서 장아찌로 담가 오래도록 먹거나 아니면 잎이 연할 때 고추장에 생것으로 찍어 먹기도 한다. 참죽 장아찌는 간장에 담그는 다른 장아찌들과 달리 보통 고추장에 버무려 담근다.

10인분

요리 시간 2시간 30분

재료

참죽 500g
수금 3큰술
맛간장 5큰술
고추장 3큰술
조청 2큰술
통깨 1큰술

1

2

3

엄마의 비밀 팁

참죽은 간장에 담갔다가 햇볕에 꾸덕꾸덕해질 때까지 말려서 장아찌로 담가 먹어도 맛있습니다. 참죽은 어린순이 좋고 소금에 절였을 때 손으로 꺾어보아 꺾이는 연한 것으로 장아찌를 담가야 합니다.

How to

1 참죽은 다듬어 소금을 뿌려 2시간 정도 숨을 죽여 씻는다.

2 팬에 맛간장, 고추장, 조청을 넣고 약한 불로 3분 정도 볶아 완전히 식힌다.

3 양념이 완전히 식으면 참죽에 넣고 버무려 통깨를 뿌린다.

참죽장떡:

경상도에서는 참죽을 가죽이라고 부른다. 봄에 붉은빛이 도는 참죽나무의 연한 새순을 꺾어 생으로 먹고 된장이나 고추장을 넣어 겉절이처럼 먹기도 한다.

엄마의 비밀 팁

억센 참죽은 말려두었다가 맛국물을 낼 때 사용하면 국물 맛이 시원합니다.

4인분

요리 시간 30분

재료

참죽 100g
애호박 1개(200g)
밀가루 6큰술
고추장 1큰술
식용유 적당량

How to

1 참죽은 다듬어 씻어 잘게 썬다.

2 애호박은 강판에 간다.

3 큰 그릇에 참죽, 애호박 간 것, 밀가루, 고추장을 넣고 고루 섞는다.

4 팬을 달궈 기름을 두르고 반죽을 한 숟가락씩 떠서 노릇노릇하게 지진다.

엄나무순 무침:

엄나무순은 사람의 손처럼 잎의 갈래가 다섯 개에서 아홉 개로 갈라지며 개두릅나물이라 부르기도 한다. 산삼나물이라고도 불리지만 쓴맛이 강해 다양하게 요리해 먹기는 어렵다. 봄철에는 연한 엄나무의 새순을 살짝 데쳐 나물로 무쳐 먹고 여름에는 잡냄새를 없애고 풍을 막아준다고 하여 줄기의 껍질을 닭백숙에 넣기도 한다. 또는 초고추장에 찍어 먹으면 독특한 맛과 향을 즐길 수 있다.

엄마의 비밀 팁

엄나무는 엄나무 뿌리로 술을 담가 먹기도 합니다. 옛날에는 잡귀를 물리친다 하여 엄나무 줄기를 방문 앞에 걸어두기도 했습니다.

4인분

요리 시간 20분

재료

엄나무순 200g
소금 1작은술
초피액젓 1큰술
참기름 1큰술
통깨 1큰술

대체 식재료

초피액젓 ▶ 집간장

1

How to

1 엄나무순은 다듬어 끓는 물에 소금을 넣고 1분 정도 살짝 데친다.

2 데친 엄나무순을 찬물에 헹궈 물기를 뺀다.

3 큰 그릇에 엄나무순을 담고 초피액젓, 참기름, 통깨를 넣고 골고루 버무린다.

질경이 무침:

길가나 풀밭에 흔하게 자라는 질경이는 예전에는 너무 흔해서 관심도 받지 못했고 먹어본 이도 그리 많지 않을 것이다. 최근 들어 민들레와 함께 건강식품으로 주목받고 있다. 질경이는 이름 그대로 생명력이 대단히 강하며 이뇨 작용과 어지럼증, 두통에 효과가 있고 설사를 멎게 하며 간의 기능을 활성화시킨다고 하여 한방에서는 약재로도 사용한다. 또 무기질과 단백질, 비타민, 당분 등이 풍부하다.

엄마의 비밀 팁

가끔 시골장에 가면 질경이를 만날 수 있지만 직접 채취해야 먹을 수 있습니다. 다행히 질경이가 산과 들에 지천으로 널려 있어 튀기거나 장아찌, 차로도 즐길 수 있습니다.

4인분

요리 시간 30분

재료

질경이 150g
고추장 1큰술
맛간장 1큰술
다진 마늘 1작은술
참기름 1큰술
깨소금 1큰술

대체 식재료

맛간장 ▶ 진간장

1

2

How to

1 질경이는 다듬어 끓는 물에 2분 정도 데쳐 깨끗이 씻어 체에 밭쳐 물기를 뺀다.

2 큰 그릇에 물기를 뺀 질경이를 담고 고추장, 맛간장, 다진 마늘, 참기름, 깨소금을 넣고 고루 버무린다.

미삼 무침:

미삼은 인삼의 잔뿌리로 파종한 뒤 나오기 때문에 봄에만 볼 수 있다. 쌉싸래한 인삼 특유의 맛과 향을 지녔으며 살짝 무쳐 먹기도 하고 김치나 장아찌를 담그기도 한다. 새콤달콤한 미삼무침은 나른한 봄날, 기운을 북돋워주고 입맛을 돋우는 데 아주 효과적이다.

엄마의 비밀 팁

미삼은 장아찌를 담가도 되는데 쓴맛이 강하지만 맛이 쉽게 변하지 않아 오래 두고 먹을 수 있습니다.

4인분

요리 시간 20분

재료

미삼 100g
실파 7~8대(50g)
고추장 1큰술
초피액젓 1작은술
매실청 2큰술
통깨 1작은술

대체 식재료

초피액젓 ▶ 소금
매실청 ▶ 물엿

2

H o w t o

1 미삼과 실파는 씻어서 미삼은 그대로 사용하고 실파는 4~5cm 길이로 썬다.

2 큰 그릇에 미삼과 실파를 담고 고추장, 초피액젓, 매실청, 통깨를 넣고 고루 버무린다.

오가피순 나물:

오가피는 잎, 뿌리, 열매 모두 귀한 약재로 쓰이는데 봄철에 나는 어린 오가피순은 나물이나 장아찌로 먹는다. 오가피순은 산삼 잎과 모양이 비슷한데 약효 또한 그와 비슷해서 성인병 예방과 치료, 혈액순환에 효능이 있다고 한다. 특히 세사민 성분은 간 조직의 손상을 막아주며 독성 물질을 몸 밖으로 배출시켜 간에 지방이 축적되는 것을 막는다고 한다.

엄마의 비밀 팁

오가피 줄기나 열매는 약용으로 사용하는데 가을 열매를 말려 물을 끓이거나 식혜를 만들 때 넣으면 좋습니다.

4인분

요리 시간 20분

재료

오가피순 150g
초피액젓 1큰술
참기름 1큰술
통깨 1큰술

대체 식재료

초피액젓 ▶ 집간장

1

How to

1 오가피순은 다듬어 살짝 데쳐 찬물에 헹궈 물기를 꼭 짠다.

2 데친 오가피순을 한입 크기로 썬다.

3 큰 그릇에 오가피순을 살살 펴 담고 초피액젓, 참기름, 통깨를 넣고 조물조물 무친다.

오가피순 장아찌:

오가피는 잎이 다섯 개로 나누어져 있는데 한 가지에서 다섯 개의 잎이 나는 게 좋다고 한다. 쓴맛이 강한 오가피순을 장아찌로 담아 숙성시키면 쓴맛이 조금 사라지고 두고두고 먹을 수 있다.

엄마의 비밀 팁

오가피순으로 장아찌를 담그면 쓴맛이 매우 강합니다.

10인분

요리 시간 20분

재료

오가피순 500g
물 3컵
맛간장 1컵
식초 1컵
매실청 1컵

대체 식재료

맛간장 ▶ 진간장
매실청 ▶ 설탕

2

4

How to

1 오가피순은 다듬어 씻는다.

2 냄비에 물 3컵, 맛간장, 식초를 넣고 3분 정도 끓인다.

3 간장물이 식으면 매실청을 넣어 섞는다.

4 저장 용기에 오가피순을 담고 간장물을 붓는다.

5 냉장고에 넣어 사나흘이 지나면 간장물을 한 번 더 끓여 식힌 다음 오가피순에 붓는다.

깻잎순 조림:

향이 좋은 깻잎의 어린순도 봄 요리를 빛내는 주연이다.
봄철에 나는 어린 깻잎순은 말려서 묵나물로 먹기도 하고 멸치를 넣고 바글바글
조려 먹어도 좋고 부침가루를 풀어 전으로 지져 먹어도 좋다.

4인분

요리 시간 30분

주재료

깻잎순 200g
멸치(손질한 중간 멸치) 30g

조림장 재료

맛국물 1/2컵
맛간장 2큰술
집간장 1큰술
고춧가루 1큰술
다진 마늘 1큰술

엄마의 비밀 팁

보통 깻잎은 참깨를 내는 잎과 들깻잎이 있는데 참깻잎은 잘 먹지 않습니다.

How to

1 조림장 재료인 맛국물, 맛간장, 집간장, 고춧가루, 다진 마늘을 고루 섞는다.

2 깊은 냄비에 깻잎순의 일부를 깔고 멸치를 조금 얹는다.

3 그 위에 조림장을 뿌리고 깻잎순, 멸치, 조림장 순으로 넣는다.

4 냄비의 뚜껑을 덮고 끓으면 3분 정도 중간 불로 조린다.

2

3

깻잎순전:

철 없이 만날 수 있는 하우스에서 재배한 깻잎에는 없는 향과 맛을 지닌 제철 깻잎순.
깻잎보다 향도 강하고 영양가도 많다. 깻잎순은 깻잎나무에서 나는 순보다는
모종에서 나는 것이 맛있다. 깻잎순의 향과 식감을 즐기려면 전을 지져 먹어도 좋다.

4인분

요리 시간 20분

재료

깻잎순 200g
물 1컵
부침가루 10큰술
달걀 1개
식용유 적당량

대체 식재료

부침가루 ▶
밀가루+소금 약간

엄마의 비밀 팁

달걀은 취향에 따라 빼도 되며, 맛간장을 곁들이면 맛있습니다.

How to

1 깻잎순은 다듬어 씻어 체에 밭쳐 물기를 뺀다.

2 큰 그릇에 물 1컵, 부침가루, 달걀을 넣고 고루 섞어 반죽을 만든다.

3 반죽에 깻잎순을 넣고 골고루 묻힌다.

4 팬을 달궈 기름을 두르고 깻잎순을 넣고 굽듯이 지진다.

3

4

톳나물 두부무침:

요즘 바다에서 나는 바다 나물은 육지의 나물에는 없는 영양분을 다량 함유하고 있으며 독특한 맛으로 인기가 많다. 톳은 바다에서 나는 끝이 빼쪽하게 생긴 해초로 '바다의 보약'이라 불릴 만큼 칼슘, 요오드, 철 등의 무기질이 풍부하다. 장 운동을 활발하게 하고 중금속을 배출하며 식이섬유가 많아 다이어트 식품으로도 주목을 받는다. 최근에는 톳을 양식으로 재배해 쉽게 구할 수 있는데 톳만 먹는 것보다 두부나 무를 넣어 무치면 먹기도 좋고 맛도 좋다.

엄마의 비밀 팁

톳나물만 무치면 색감이 살지 않지만 두부를 곁들이면 색감도 살고 두부의 고소한 맛도 즐길 수 있습니다.

4인분

요리 시간 30분

재료

톳 150g
두부 1/3모(약 200g)
초피액젓 1큰술
참기름 1큰술
깨소금 1큰술

1

2

How to

1 톳은 손질해 씻어 끓는 물에 1분 정도 데쳐 찬물에 헹궈 큰 그릇에 담는다.

2 두부를 으깨어 넣고 초피액젓, 참기름, 깨소금을 넣어 고루 버무린다.

톳나물 무무침:

바다에서 자라는 톳은 육지의 채소와 달리 간이 되어 있어 따로 간을 하지 않아도 된다. 톳을 무와 함께 무칠 때는 단맛을 내는 매실청과 새콤한 식초를 넣어 새콤달콤하게 무친다.

How to

1 톳은 손질해 씻어 끓는 물에 1분 정도 데친다.

2 데친 톳은 찬물에 헹궈 물기를 뺀다.

3 무는 채 썰고 쪽파는 4~5cm 길이로 썬다.

4 큰 그릇에 양념 재료인 초피액젓, 매실청, 식초, 다진 마늘, 깨소금을 담고 톳과 무를 넣어 조물조물 버무린다.

엄마의 비밀 팁

말린 톳을 사서 일 년 동안 두고 나물로도 먹고 톳밥을 해먹어도 별미입니다.

4인분

요리 시간 20분

재료

톳 150g
무 1/10개(100g)
쪽파 5~6대

양념 재료

초피액젓 1큰술
매실청 2큰술
식초 1큰술
다진 마늘 2큰술
깨소금 1큰술

대체 식재료

초피액젓 ▶ 집간장

유채꽃 샐러드와 오미자청 드레싱:

봄이 되면 아주 특별한 샐러드 재료가 등장하는데 바로 유채꽃이다.
제주도에서는 유채를 겨울초라 부르며 유채꽃이 피기 전에 나물로 무쳐 먹는다.
유채나물을 먹고 나면 노란 유채꽃이 등장하는데 다섯 가지 오묘한 맛을 지닌
오미자청을 드레싱으로 곁들이면 별미로 즐길 수 있다.

엄마의 비밀 팁

오미자청은 오미자와
설탕을 1:1로 넣어 만듭니다.
오미자청은 샐러드
드레싱으로 만들거나 물에
타 마셔도 좋습니다.

4인분

요리 시간 20분

주재료

유채꽃 100g
양상추 200g(약 1/2통)

오미자청 드레싱 재료

오미자청 1/2컵
초피액젓 1큰술
식초 1큰술

How to

1 먼저 오미자청 소스를 만든다. 오미자청에 초피액젓, 식초를 넣고 골고루 섞는다.

2 유채꽃과 양상추는 씻어 체에 밭쳐 물기를 뺀다.

3 손으로 양상추를 적당한 크기로 찢어 그릇에 담고 그 위에 유채꽃 몇 송이를 올리고 오미자청 드레싱을 뿌린다.

3

4인분

요리 시간 30분

재료

찔레순 100g
칡순 100g
녹말가루 1/2컵(100g)
물 1/2컵
튀김가루 130g
튀김기름 적당량

1

3

4

찔레순튀김과 칡순튀김:

봄이 되면 들에 많이 자라는 것이 칡이다. 여름이 되어 칡이 굵어지기 전에 어린 칡순을 부지런히 따서 튀겨 먹으면 입이 즐겁다. 찔레도 꽃이 피기 전의 어린순을 튀기면 아삭한 식감이 별미다. 찔레순과 칡순튀김에 탕수 소스를 곁들이면 좋다.

엄마의 비밀 팁

칡순과 찔레순을 튀길 때 한꺼번에 많이 넣으면 튀김이 달라붙고 온도가 떨어져서 눅눅할 수 있으니 번거롭더라도 하나씩 떼어 넣어야 합니다. 또 한 번 튀긴 다음 기름을 빼서 다시 튀기고 튀김옷은 찬물에 개어 냉장실에 넣어 차게 해두면 훨씬 바삭합니다.

How to

1 찔레순과 칡순은 다듬어 씻어 튀김옷이 잘 입혀지도록 먼저 녹말가루를 골고루 묻힌다.

2 물 1/2컵에 튀김가루를 개어 찔레순과 칡순에 튀김옷을 입힌다.

3 튀김기름에 반죽을 조금 떨어뜨려 반죽이 가라앉았다 떠오르면 찔레순과 칡순을 하나씩 넣고 튀김옷이 익을 정도로만 튀긴다.

4 채반이나 키친타월에 얹어 기름을 빼고 다시 한 번 살짝 튀긴다.

근댓국:

봄이 되면 구수하고 부드러운 근댓국이 가장 먼저 식탁 위에 올라온다. 많은 사람들이 근대와 아욱을 혼동하지만 생긴 것도 다르고 맛도 근대가 훨씬 더 부드럽다. 된장을 연하게 풀어 심심하게 근댓국을 끓여 아침상에 올리면 속도 편하고 밥 한 공기를 뚝딱 비울 수 있다. 근댓국에는 감자를 넣어도 맛있다.

4인분

요리 시간 30분

재료

근대 150g
맛국물 4컵
된장 1큰술+1/2큰술
다진 마늘 1큰술

엄마의 비밀 팁

여린 잎은 데치지 않고 바로 국을 끓이거나 나물로 무쳐도 됩니다.

How to

1 근대는 다듬어 씻어 끓는 물에 1분 정도 데친다.

2 냄비에 맛국물을 붓고 체에 된장을 풀어 넣고 국물을 끓인다.

3 국물이 끓으면 데친 근대를 넣고 중간 불로 5분 정도 끓이다가 다진 마늘을 넣어 한소끔 끓인다.

1

2

3

완두콩 쇠고기 볶음:

완두콩은 식이섬유와 비타민 C가 풍부하여 변비와 동맥경화증에 좋다고 한다. 완두콩의 제철은 늦은 봄부터 이른 여름까지로 완두콩밥을 지어 먹기도 하고 마늘종처럼 조려 먹어도 맛있다. 색이 고와 많은 요리의 부재료로도 자주 사용하는데 완두콩을 쇠고기와 함께 볶아 먹으면 맛과 영양 모두 좋다.

엄마의 비밀 팁

완두콩은 껍질을 벗겨 끓는 소금물에 살짝 익혀 냉동하면 일 년 내내 먹을 수 있습니다.

4인분

요리 시간 30분

재료

완두콩 100g
쇠고기 등심 100g
들기름 2큰술
맛간장 3큰술

2

3

How to

1 완두콩은 껍질을 벗겨 씻는다.

2 쇠고기는 얇게 채 썰어 냄비를 달궈 들기름을 두르고 2분 정도 중간 불로 볶는다.

3 완두콩을 넣고 1분 정도 볶다가 맛간장을 넣어 2분 정도 뚜껑을 덮고 익힌다.

꼬막전:

「자산어보」에 살이 노랗고 맛이 달다고 소개되어 있는 꼬막. 겨울 어패류의 대명사가 된 꼬막은 보통 11월부터 4월까지가 제철이다. 살이 꽉 찬 꼬막은 육질이 쫄깃하여 꼬막 특유의 감칠맛이 나는데 봄철에 전을 부쳐 먹으면 맛있다. 꼬막에는 철분이 풍부하여 여성의 빈혈 예방에 좋다.

엄마의 비밀 팁

다른 조개류와 마찬가지로 꼬막 역시 오래 삶으면 질겨져 맛이 없습니다. 끓는 물에 1분 정도만 삶아 입이 살짝 벌어지면 불을 끕니다.

4인분

요리 시간 30분

재료

꼬막 300g
소금 약간
부침가루 1컵(100g)
달걀 2개
쪽파 3대
식용유 적당량

2

3

4

How to

1 꼬막은 씻어서 옅은 소금물에 잠시 담가 해감한다.

2 꼬막을 끓는 물에 1분 정도 삶아 껍데기를 깐다.

3 꼬막에 부침가루를 골고루 묻히고 그릇에 달걀을 풀고 쪽파를 잘게 썰어 넣고 꼬막과 섞는다.

4 팬을 달궈 기름을 두르고 꼬막을 달걀물에 담갔다가 건져 노릇노릇하게 지진다.

꼬막무침:

꼬막의 최대 산지는 벌교이다. 꼬막철이 되면 참꼬막을 사려거나 꼬막 요리를 맛보려는 사람들로 벌교가 떠들썩해지는데 벌교의 꼬막 음식점에서 빠지지 않고 등장하는 음식이 꼬막무침이다. 엄마의 꼬막무침 레시피는 배와 오이, 무, 쪽파의 다양한 부재료와 갖은 양념으로 무쳐 풍성하면서도 깔끔한 맛이 난다.

엄마의 비밀 팁

껍데기에 줄이 깊게 파인 것이 참꼬막이고 줄의 형태만 보이는 것이 개꼬막입니다.

4인분

요리 시간 30분

주재료

꼬막 300g
배 1/2개
오이 1/2개
무 1/10개(100g)
쪽파 5대

양념 재료

고춧가루 2큰술
맛간장 3큰술
다진 마늘 1큰술
참기름 1큰술
통깨 1큰술

1

2

3

How to

1 꼬막은 씻어서 끓는 물에 1분 정도 삶아 살을 발라낸다.

2 배는 껍질을 벗겨 채 썰고 오이는 돌려깎기해 채 썰고 무도 채 썰고 쪽파는 5~6cm 길이로 썬다.

3 큰 그릇에 꼬막, 배, 오이, 무, 쪽파를 담고 고춧가루, 맛간장, 다진 마늘, 참기름, 통깨를 넣어 조물조물 무친다.

더위 극복을 위한

여름 요리

봄에 식물이 싹을 틔우고 어린 순이 나왔다면 여름에는 식물들이 강한 태양빛을 받아 넓은 잎으로 숙성됩니다. 이런 잎들은 여름의 훌륭한 쌈채소가 됩니다. 여름에는 우리 몸이 신진대사는 활발하나 더위로 지치기 쉬운 때이므로 닭백숙이나 육류 등의 섭취로 충분한 영양분을 보충해야 할 때이기도 합니다. 또 열무김치를 넣어 쓱쓱 비벼 먹는 보리밥 한 그릇이 보약과 같습니다.

콩국수:

밥보다 국수가 당기는 여름. 더위로 입맛을 잃었을 때 시원하게 먹는 국수는 여름의 별미다. 땀을 많이 흘리는 여름철은 영양분 섭취에도 신경 써야 한다. 때문에 단백질이 풍부한 콩으로 만드는 콩국수는 맛과 영양이라는 두 마리 토끼를 모두 잡을 수 있다.

엄마의 비밀 팁

콩을 불리지 않고 압력솥에 바로 삶으면 요리 시간을 30분으로 줄일 수 있습니다. 또 콩의 크기는 작거나 크거나 상관이 없지만 크기가 균일하고 흠집이 없어야 합니다. 끓는 물에 국수를 넣고 한번 끓어오르면 찬물을 1컵 붓고 다시 끓어오르면 불을 끄고 재빨리 찬물에 두 손으로 비비면서 네다섯 번 정도 헹궈 소쿠리에 건집니다.

4인분

요리 시간 5시간

주재료

콩 1컵
물 3컵(콩 삶는 물)
물 1컵(믹서에 갈 때 넣는 물)
오이 1/2개
달걀 1개
국수 200g

콩물 재료

물 2컵
소금 1작은술

1

5

How to

1 콩은 3~4시간 정도 물에 불린다.

2 냄비에 물 3컵과 함께 불린 콩을 넣고 20분 정도 삶아 믹서에 물 1컵을 붓고 간다.

3 그릇에 콩물을 붓고 물 2컵과 소금 1작은술을 넣고 젓는다.

4 오이는 채 썰고 달걀은 흰자와 노른자로 나누어 지단을 부쳐 가늘게 채 썬다.

5 국수는 삶아서 찬물에 여러 번 헹궈 그릇에 담고 오이와 달걀을 얹고 콩물을 붓는다.

생된장 비빔밥:

여름의 별미밥으로는 비빔밥도 꼽을 수 있다. 채소와 나물이 흔한 계절이고 날씨가 덥기 때문에 뜨거운 음식보다는 찬밥에 채소와 나물을 얹어 비벼 먹으면 좋다. 나물을 색깔별로 맞추면 맛은 물론 보기에도 좋다. 비빔밥에는 흔히 고추장을 넣지만 엄마는 쌈장을 자주 이용한다. 쌈장으로 비벼 먹을 때는 나물 간은 심심하게 한다.

엄마의 비밀 팁

콩나물은 삶을 때 초피액젓을 넣기 때문에 따로 간을 하지 않습니다. 명절이나 제사를 지내고 남은 나물로 된장 비빔밥을 해 먹으면 자극적이지 않아 속이 편합니다.

4인분

요리 시간 30분

주재료

콩나물 200g
참기름 2큰술
열무 1/4단(200g)
당근 1/4개(100g)
들기름 1큰술
소금 약간
밥 4공기
쌈장 적당량

콩나물 삶는 물 재료

물 1/2컵
초피액젓 1큰술

열무 양념 재료

초피액젓 1큰술
소금 1작은술
참기름 1큰술
깨소금 1작은술

대체 식재료

초피액젓 ▶ 소금, 집간장

How to

1 콩나물은 씻어 냄비에 담고 물 1/2컵과 초피액젓을 넣어 5분 정도 뚜껑을 덮고 삶아 참기름으로 밑간한다.

2 열무는 씻어 끓는 물에 소금 1작은술을 넣고 데쳐 찬물에 헹궈 물기를 짠 다음 초피액젓, 소금, 참기름, 깨소금을 넣고 조물조물 무친다.

3 당근은 채 썰어 팬을 달궈 들기름을 두르고 볶아 소금을 약간만 넣어 간한다.

4 비빔그릇에 밥을 담고 콩나물, 열무, 당근을 얹고 쌈장을 넣고 비빈다.

4

뽕잎차 밥:

엄마의 비밀 팁

뽕잎차가루는 녹차와 달리 특별한 향이 나지 않으므로 기호에 따라 깨소금을 넣어도 좋습니다. 뽕잎은 봄에 채반에 얹어 쪄서 말려두었다가 차로 마시거나 요리에 넣으면 좋습니다.

철분, 칼슘, 섬유질이 풍부한 뽕잎은 당뇨병과 고혈압, 동맥경화에 효능이 있다고 한다. 엄마가 여름이 되면 상에 올리는 뽕잎차밥은 봄부터 준비가 필요한 느린 음식이다. 봄에 팔공산 주변 야산에 자라는 뽕나무에서 어린잎을 따서 가마솥에 덖어 차를 만들어 여름철 기운이 떨어지면 뽕잎차밥을 지어 먹는다. 재료가 생소해서 그렇지 그리 어려운 요리가 아니다. 뽕잎차는 녹차보다 잎이 커서 분쇄기나 믹서에 곱게 갈아야 한다.

4인분

요리 시간 40분

재료

쌀 2컵
뽕잎차가루 2큰술
깨소금 2작은술
소금 1작은술

How to

1 쌀은 씻어서 불리지 않고 바로 고슬고슬하게 밥을 짓는다.

2 밥이 다 되었으면 큰 그릇에 밥을 펼쳐 담고 뽕잎차가루와 깨소금을 넣고 소금으로 간하여 골고루 섞는다.

3 밥틀이 있으면 밥틀에 밥을 넣고 꾹꾹 눌러 만들거나 손으로 적당한 모양으로 빚는다.

2

녹차밥:

녹차는 일반적으로 차로 마시지만 녹차밥을 하면 찻잎까지 먹기 때문에 노화방지에 도움을 주는 카데킨, 마음을 진정시키는 데아닌, 타닌 등 녹차의 이로운 성분을 더 효과적으로 섭취할 수 있다. 녹차의 항균 작용으로 더운 날씨에 밥이 쉽게 상하는 것도 막아준다.

엄마의 비밀 팁

녹차밥을 지을 때 차의 향이 감해지므로 깨소금은 넣지 않는 것이 좋습니다.

4인분

요리 시간 40분

재료

쌀 2컵
마른 녹찻잎 3큰술
소금 1작은술

3

How to

1 쌀은 씻어서 불리지 않고 바로 고슬고슬하게 밥을 짓는다.

2 마른 녹찻잎을 손으로 비벼 잘게 부순다.

3 밥을 큰 그릇에 펼쳐 담고 녹찻잎을 넣는다.

4 소금으로 간하여 숟가락으로 골고루 섞는다.

5 밥틀이 있으면 밥틀에 밥을 넣고 꾹꾹 눌러 만들거나 손으로 적당한 모양으로 빚는다.

단호박 밥:

엄마의 비밀 팁

전자레인지에서는 10분 정도 익히면 되는데 대추를 채 썰어 넣거나 팥을 삶아 넣거나 잣을 넣고 쪄도 맛있습니다.

호박은 8월이면 수확하는데 계절이나 체질과 상관없이 모든 사람에게 좋은 식품이다. 속이 노란 단호박은 달콤한 맛이 나며 죽, 찜, 국 등으로 다양하게 요리할 수 있다. 흑미와 찹쌀을 쪄서 미니 단호박을 채워 밥을 지으면 누구나 좋아하는 여름 보양식이 된다. 적당한 크기로 잘라 도시락을 싸면 하나씩 들고 먹기에 좋다.

4인분

요리 시간 1시간

재료

찹쌀 1컵
흑미 2큰술
소금 1작은술
단호박(작은 것) 4개

2

3

How to

1 찹쌀과 흑미는 물에 5~6시간 정도 각각 불린다.

2 불린 찹쌀과 흑미에 소금을 넣어 섞고 채반에 얹어 40분 정도 찐다.

3 단호박은 씻어서 반으로 잘라 속을 파내고 찹쌀과 흑미로 채운다.

4 단호박을 채반에 올려 다시 15분 정도 찐다. 전자레인지에서 익힐 때는 10분 정도면 된다.

파프리카 밥:

더울 때 원기를 회복시켜주는 파프리카는 비타민 A와 C가 풍부하다. 비타민 C는 세포의 작용을 활성화하고 신진대사를 높이며 비타민 A는 기관의 세포를 튼튼하게 해주므로 더위로 인해 각 장기의 기능이 떨어졌을 때 파프리카를 먹으면 원기를 높이는 데 도움이 된다고 한다. 파프리카는 양식 요리에 주로 쓰이지만 다양한 색깔이 나오니 별미밥을 만들면 보기에도 좋고 맛도 있다. 더운 여름에는 갓 지은 밥보다 찬밥이 먹기 수월하다.

3인분

요리 시간 1시간 10분

재료

초록 파프리카 1개
빨강 파프리카 1개
노랑 파프리카 1개
표고버섯 3~4개(30g)
식용유 적당량
당근(5cm 길이) 1토막
애호박 1/3개
찹쌀 3/5컵(120g)
맛간장 2큰술
참기름 1큰술

1

5

How to

1 파프리카는 씻어서 꼭지를 떼어내고 살살 속을 파낸다.

2 표고버섯은 잘게 썰어 팬을 달궈 기름을 두르고 살짝 볶는다.

3 당근과 애호박은 곱게 다진다.

4 찹쌀은 물에 4~5시간 정도 불려 삼베를 깐 채반에 얹어 40분 정도 찐다.

5 큰 그릇에 찐 찹쌀, 볶은 표고버섯, 다진 당근과 호박, 맛간장, 참기름을 섞어 파프리카 속을 채운다.

6 김이 오른 찜통에 파프리카를 넣고 5분 정도 찐다.

호박잎국:

너무 더워 요리하기가 고역인 여름에 간단하게 끓일 수 있는 국이다.
호박잎은 쪄서 된장과 함께 쌈을 싸 먹지만 애호박과 집된장을 넣어 국으로 끓여도 맛있다. 또 호박잎에 콩가루를 묻혀 끓여도 맛있다.

엄마의 비밀 팁

호박잎은 손으로 바락바락 문질러 씻어야 하는데, 이때 나오는 푸른 물은 버립니다. 또 호박잎국은 집된장으로 끓여야 깊고 깔끔한 맛이 납니다. 집집마다 된장의 간이 다르니 된장의 양은 입맛에 맞게 조절합니다. 늦가을 서리가 내릴 즈음 호박과 부드러운 어린 줄기와 잎을 따서 요리하거나 저장하면 두고 먹기에 좋습니다.

4인분

요리 시간 30분

재료

호박잎 10장
애호박 1/2개
홍고추 약간
맛국물 1ℓ
된장 2큰술
초피액젓 1큰술
들깨가루 2큰술

대체 식재료

초피액젓 ▶ 집간장

How to

1 호박잎은 씻어 먹기 좋은 크기로 손으로 뜯는다.

2 애호박은 가로, 세로 3cm 크기로 썰고 홍고추는 잘게 다진다.

3 냄비에 맛국물을 붓고 된장을 체에 걸러 풀어 넣고 호박잎, 애호박, 초피액젓, 들깨가루를 넣어 10분 정도 끓인다.

1

3

생된장으로 만든 쌈장:

어린 시절에는 찬물에 밥을 말아 장독에서 떠온 된장에 고추와 오이만 찍어 먹어도 최고의 반찬이었다. 요즘은 다양한 먹거리가 많아 그렇게 먹는 밥은 손에 꼽을 것이다. 생된장은 된장을 끓이지 않은 것을 말한다. 집에 있는 과일이나 채소를 넣고 쌈장을 만들면 과일과 채소의 상큼한 맛이 의외로 된장과 잘 어울린다. 쌈밥을 먹거나 밥을 비벼 먹고, 오이나 풋고추를 찍어 먹을 때 생각나는 쌈장이다.

엄마의 비밀 팁

만들어서 30분 정도 지나면 먹을 수 있고 냉장고에서는 20일 정도 보관할 수 있습니다.

4인분

요리 시간 20분

재료

사과 1/4개(100g)
양파 1/2개
오이 1/2개
풋고추 1/2개
홍고추 1개
된장 2큰술
다진 마늘 1큰술
깨소금 2큰술

3

How to

1 사과와 양파는 껍질을 벗겨 잘게 다지고 오이는 4등분하여 씨가 있으면 제거해서 잘게 다진다.

2 풋고추와 홍고추는 씨째 잘게 다진다.

3 큰 그릇에 모든 재료를 담고 된장, 다진 마늘, 깨소금을 넣어 고루 버무린다.

멸치 마늘 쌈장:

많은 요리의 부재료로 사용되는 칼슘의 왕 멸치로 쌈장을 만들어보았다.
그런데 된장을 넣지 않은 쌈장이다. 멸치는 다지고 여름에 나는 햇마늘은 채 썰고 풋고추, 홍고추, 고춧가루, 맛국물, 맛간장을 볶아 만든다. 밥을 비벼 먹거나 익혀 먹기 때문에 마늘의 매운맛은 사라지고 멸치와 어우러진 담백한 맛이다. 쌈장으로 맛있게 먹을 수 있고 비빔밥 양념장이나 밑반찬으로도 먹을 수 있으니 넉넉히 만들어 냉장 보관하면 된다.

엄마의 비밀 팁

만병통치약이라 불리는 마늘은 땀을 많이 흘리는 여름철 닭백숙에 넣으면 원기 회복에 좋습니다.

4인분

요리 시간 20분

재료

멸치(머리와 내장을 떼어낸
50마리(40g)
마늘 100g(20쪽 정도)
홍고추 2개
참기름 2큰술
맛간장 5큰술
고춧가루 2작은술
맛국물 1/4컵
물 1/2컵

How to

1 멸치는 곱게 다지고 마늘과 홍고추는 채 썬다.

2 팬에 참기름을 두르고 다진 멸치와 마늘을 5분 정도 볶다가 맛간장, 고춧가루, 맛국물, 물 1/2컵을 넣고 계속 볶는다.

3 홍고추를 넣고 중간 불로 5분 정도 살짝 볶는다.

1

여름 쌈:

여름에는 잎채소를 많이 먹게 된다. 식물이 뿌리에 영양을 저장하는 시기가 아니라 잎에 영양분을 많이 가지고 있기 때문에 잎채소는 여름이 제철이다. 상추처럼 쌈을 싸서 먹기도 하고 호박잎처럼 쪄서 먹기도 한다. 엄마는 호박잎과 함께 우엉 잎이나 깻잎, 케일도 쪄 먹는다. 찐 잎들은 기호에 따라 쌈장이나 강된장에 싸 먹고 깻잎쌈에는 간장 양념장을 곁들인다.

엄마의 비밀 팁

섬유소와 비타민이 풍부하고 칼로리가 낮은 호박잎을 쌈으로 먹으면 다이어트식으로 좋습니다.

4인분

요리 시간 40분

재료

호박잎 20장
깻잎 20장
케일(중간 것) 20장

2

H o w   t o

1 여름철에 나는 호박잎은 껍질을 벗겨 씻고 깻잎과 케일은 물에 씻어 체에 밭쳐 물기를 살짝 뺀다.

2 김이 오른 찜통에 20분 정도 찌는데 호박잎은 줄기가 무를 때까지 찐다.

상추 물김치:

상추 하면 쌈만 떠올리지만 쌈만 싸 먹기에는 아까운 김치 재료다. 노지에서 키운 상추로 물김치를 담그면 의외로 시원한 국물 맛이 난다. 상추는 잎이 연해 오래 두고 먹지는 못하지만 금방 먹을 분량만 물김치를 담그면 밥 한그릇을 뚝딱 비울 수 있다.

엄마의 비밀 팁

밀가루풀을 쑬 때 밀가루를 풀어서 끓는 물에 넣으면 저어가며 끓이지 않아도 됩니다. 상추 물김치의 상추는 자르지 않고 담가야 지저분하지 않고 맛도 좋습니다. 김치를 담가 12시간이 지나면 저절로 국물이 생겨 맛이 시원해집니다.

10인분

요리 시간 30분

주재료

상추 1kg
양파 1개

양념 재료

다진 생강 1큰술
다진 마늘 1큰술
초피액젓 4큰술
매실청 2큰술

밀가루풀 재료

물 3컵
밀가루 1큰술
물 1큰술
고춧가루 2큰술

대체 식재료

초피액젓 ▶ 소금, 집간장
매실청 ▶ 설탕

How to

1 상추는 흐르는 물에 씻어 체에 밭쳐 물기를 뺀다.

2 상추의 물기를 빼는 동안 밀가루풀을 쑨다. 냄비에 물 3컵을 붓고 끓으면 밀가루 1큰술을 물 1큰술에 개어 넣고 끓여서 식힌 다음 풀물에 고춧가루를 체에 밭쳐 거른다.

3 큰 그릇에 상추를 넣고 양파를 채 썰어 넣은 다음 다진 생강, 다진 마늘, 초피액젓, 매실청, 밀가루풀을 넣고 버무린다.

3

열무 김치:

여름에는 시원한 열무김치 한 그릇이면 식구들이 반찬 투정을 하지 않으니 고마운 김치다. 여름철에 담그는 열무김치는 열무를 소금에 절이지 않고 감자를 삶아 넣어 국물을 자작하게 담근다. 감자 외에 홍고추와 양파를 넣어 단맛과 열무의 풋풋한 맛을 살린다. 열무김치가 익으면 보리밥에 고추장으로 비벼 먹거나 국수를 말아 먹는다. 열무 비빔밥이나 열무 국수 한 그릇이면 한여름의 더위를 물리칠 수 있는 힘이 생기는데 열무에는 비타민 C가 풍부하여 여름을 이기는 데 좋다.

20인분

요리 시간 30분

주재료

열무 2단(1kg)
부추 1/6단(100g)

양념 재료

감자 1개(250g)
물 3컵
양파 1개
홍고추 10개
새우젓 3큰술
다진 마늘 2큰술
다진 생강 2작은술
고춧가루 3큰술
초피액젓 5큰술

대체 식재료

초피액젓 ▶ 멸치액젓

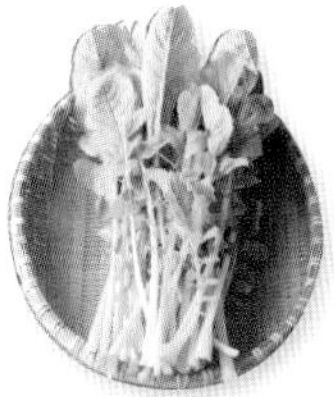

엄마의 비밀 팁

열무김치는 상온에서 하루 정도 익혀 냉장 보관하면 한 달은 맛있게 먹을 수 있습니다. 열무는 너무 크지 않으면 소금에 절이지 않아도 숨이 죽는데, 소금에 절인 열무를 양념에 버무릴 때 너무 많이 뒤적이면 풋내가 나므로 소금에 절이지 않고 담급니다.

How to

1 열무는 다듬어 씻어 먹기 좋은 크기로 3등분하고 부추는 4~5cm 길이로 썬다.

2 감자는 껍질을 벗겨 4등분하여 물 3컵을 붓고 푹 삶는다.

3 믹서에 식은 감자와 감자 삶은 물, 양파, 홍고추, 새우젓을 넣고 간다.

4 큰 그릇에 믹서에 간 것을 담고 다진 마늘, 다진 생강, 고춧가루, 초피액젓을 넣고 고루 섞은 다음 열무와 부추를 넣어 버무린다.

4

부추 김치:

부추는 봄부터 여름까지 즐겨 먹는데 초봄에 올라오는 초벌 부추는 약이라 하여 사위도 주지 않는다고 한다. 향과 맛이 좋아 여러 음식에 부재료로 쓰이는데 부추로 김치를 담그면 여름철의 입맛을 돋우는데 소금에 절일 필요 없이 양념해서 바로 담가 먹을 수 있다. 엄마는 부추김치에 마늘을 넣지 않는다.

엄마의 비밀 팁

부추김치에는 쪽파나 마늘을 넣지 않아도 부추 자체가 양념과 같은 맛을 냅니다. 김치를 담가 냉장 보관하면 한 달 정도는 맛있게 먹을 수 있습니다. 김치가 시어지면 꽁치 통조림이나 고등어, 참치 등으로 찌개를 끓이면 정말 감칠맛이 납니다.

20인분

요리 시간 30분

주재료

부추 2단(1600g)
당근 1/2개

양념 재료

초피액젓 1컵
고춧가루 6큰술
다진 생강 1작은술
매실청 3큰술
통깨 3큰술

대체 식재료

초피액젓 ▶ 새우젓
매실청 ▶ 설탕, 물엿

How to

1 부추는 다듬어 흐르는 물에 씻어 3~4cm 길이로 썰고 당근은 껍질을 벗겨 채 썬다.

2 큰 그릇에 초피액젓, 고춧가루, 다진 생강, 매실청, 통깨를 넣고 골고루 섞은 다음 부추와 채 썬 당근을 넣고 고루 버무린다.

2

오이 소박이:

10인분

요리 시간 1시간 40분

주재료

오이 5개
부추 1/4단(150g)
당근 1/4개

양념 재료

고춧가루 3큰술
새우젓 3큰술
매실청 2큰술
다진 마늘 1큰술
생강즙 1작은술
통깨 1큰술

오이 절임물 재료

물 1컵
굵은소금 2큰술

아삭하게 씹히는 오이는 여름철 대표적인 채소다. 수분이 많은 오이는 땀을 많이 흘리는 여름에 수분을 보충해준다. 보통은 생오이를 풋고추와 함께 쌈장에 찍어 먹는다. 오이소박이는 만들기 번거롭지만 쉽게 무르기 때문에 먹을 만큼만 담아서 그때그때 먹어야 한다.

엄마의 비밀 팁

오이소박이는 바로 먹어도 맛있습니다. 소에 넣는 당근은 곱게 채 썰어도 되지만 약간 굵게 썰면 씹히는 식감이 좋습니다.

1

3

4

5

How to

1 오이는 씻어서 물 1컵에 굵은소금 2큰술을 녹인 절임물에 1시간 정도 절인다.

2 부추는 다듬어 씻어 4~5cm 길이로 썰고 당근은 채 썬다.

3 절인 오이는 씻어서 5~6cm 길이로 잘라 오이 길이의 반 정도까지만 열십자로 칼집을 넣는다.

4 큰 그릇에 고춧가루, 새우젓, 매실청, 다진 마늘, 생강즙, 통깨를 담고 부추와 채 썬 당근을 넣어 고루 버무린다.

5 오이에 열십자로 칼집 낸 곳에 소를 채운다.

오이 미역 냉국:

땀을 많이 흘리는 여름에는 수분을 충분히 섭취해야 하는데, 오이와 수박은 수분을 많이 함유하고 있다. 수분도 보충하고 입맛도 잡아주는 음식으로 시원하게 먹는 오이 미역 냉국이 있다. 홍고추로 고운 색을, 청양고추로 매콤한 맛을, 깔끔하게 새콤달콤한 맛을 내기 위해 매실청과 식초를 넣었다. 생강즙은 기호에 따라 넣거나 빼면 된다.

엄마의 비밀 팁

보통 오이는 조선오이와 청오이가 있습니다. 조선오이는 장아찌나 피클, 오이소박이를 담그고 청오이는 요리의 부재료로 많이 쓰입니다. 냉국에 생강이나 매실청을 넣으면 배탈을 예방합니다.

4인분

요리 시간 20분

재료

마른미역 10g
오이 1개
홍고추 1/2개
청양고추 1개
집간장 3큰술
매실청 2큰술
생강즙 1큰술
식초 4큰술
물 3컵
깨소금 1큰술

How to

1 마른미역은 물에 불려 씻어 먹기 좋은 크기로 자르고 오이는 돌려깎기해 채 썰고 홍고추와 청양고추는 곱게 다진다.

2 그릇에 미역, 오이, 홍고추, 청양고추, 집간장, 매실청, 생강즙, 식초를 넣고 조물조물 무친다.

3 물 3컵과 깨소금을 넣는다.

1

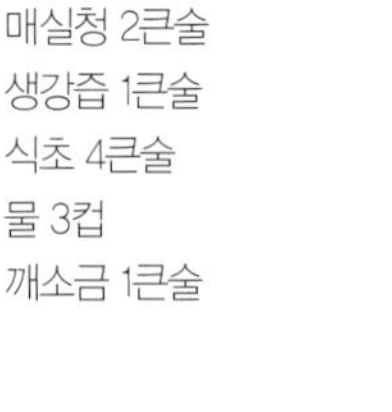

연근 생채:

4인분

요리 시간 30분

재료

연근(작은 것) 2개(300g)
풋고추 1개
홍고추 1/2개
사과 1/6개
배 1/4개
초피액젓 1큰술
매실청 3큰술
식초 1큰술

대체 식재료

초피액젓 ▶ 소금

몸에 좋은 연근으로 생채를 만들었다. 채소와 과일을 채 썰어 함께 넣고 매실청으로 단맛을 내어 새콤달콤하게 무치면 연근의 아삭한 맛과 잘 어울린다. 더워서 입맛이 없을 때 연근 생채를 상에 올리면 좋다.

엄마의 비밀 팁

연근 생채는 집에 손님이 오시거나 집안 행사가 있을 때 미리 만들면 시간을 절약할 수 있습니다. 연근은 끓는 물에 살짝 데쳐야 아삭아삭한 식감을 즐길 수 있습니다.

How to

1 연근은 껍질을 벗겨 0.3cm 두께로 최대한 얇게 썬다.

2 얇게 썬 연근을 끓는 물에 2~3분 정도 데쳐 찬물에 헹군다.

3 풋고추와 홍고추는 반으로 갈라 씨를 빼서 잘게 다지고 사과는 껍질째, 배는 껍질을 벗기고 잘게 썬다.

4 큰 그릇에 모든 재료를 담고 초피액젓, 매실청, 식초를 넣어 고루 버무린다.

더덕 생채:

뿌리채소인 더덕은 가을이 제철이지만 연근 생채와 마찬가지로 차게 먹을 수 있기 때문에 여름 음식으로 즐겨 먹는다. 몸에 좋은 더덕과 사과 배, 오이, 고추 등 여러 과일과 채소를 듬뿍 먹을 수 있어서 좋다.

4인분

요리 시간 30분

재료

껍질 벗긴 더덕 4뿌리(320g)
사과 1/4개(50g)
배 1/4개(50g)
홍고추 1/2개
오이 1/2개
초피액젓 1큰술
매실청 4큰술
식초 1큰술

대체 식재료

더덕 ▶ 도라지
초피액젓 ▶ 소금

1

How to

1 더덕은 채 썰고 사과, 배, 홍고추는 다지고 오이는 돌려깎기해 채 썬다.

2 큰 그릇에 더덕과 나머지 재료를 담고 초피액젓, 매실청, 식초를 넣고 조물조물 무친다.

황금버섯 냉채:

여름철에는 잡채 대신 차게 먹는 냉채를 선호한다. 요즘 새로 나오는 황금버섯으로 냉채를 만들었다. 파프리카, 양파를 곁들여 마늘 식초 소스를 뿌리면 맛있다.

엄마의 비밀 팁

마늘 소스에 넣는 마늘은 칼로 다지면 맛과 향이 떨어지므로 절구에 찧어 칼로 곱게 다집니다. 이렇게 해야 보기에도 깔끔하며 해파리냉채나 샐러드 소스로 활용해도 좋습니다.

4인분

요리 시간 20분

재료

황금버섯 1팩(50g)
파프리카 1/2개
양파 1/2개
적양파 1/2개

마늘 식초 소스 재료

다진 마늘 2큰술
식초 1/2컵
설탕 3큰술
집간장 2큰술
참기름 1큰술

대체 식재료

황금버섯 ▶ 팽이버섯

How to

1 황금버섯은 밑동을 잘라내고 씻어 체에 밭쳐 물기를 빼고 파프리카, 양파, 적양파는 곱게 채 썬다.

2 그릇에 다진 마늘, 식초, 설탕, 집간장, 참기름을 넣고 골고루 섞어 소스를 만든다.

3 그릇에 황금버섯과 채소를 담고 소스를 뿌리거나 곁들인다.

해파리냉채와 겨자 소스:

해파리냉채는 손이 많이 가는 음식이다. 손님을 초대하거나 집안에 행사가 있을 때 만들지만 더위에 지친 가족을 위해 만들면 좋다. 아롱사태, 왕새우, 여러 채소를 한꺼번에 골고루 먹을 수 있어 영양 면에서도 좋으며 겨자 소스의 톡 쏘는 맛과 식초와 설탕으로 새콤달콤한 맛이 나 입맛을 돋운다.

엄마의 비밀 팁

끓는 물에 해파리를 오래 데치면 쪼그라들어 딱딱해지니 30초 정도만 살짝 데쳐 설탕과 식초에 미리 무쳐두면 깊은 맛이 납니다. 해파리나 쇠고기를 넣지 않고 채소만으로 냉채를 만들기도 합니다.

1

6

4인분

요리 시간 1시간

주재료

해파리 500g
왕새우 10마리
쇠고기 아롱사태 200g
오이 1개
굵은소금 약간
당근 1/2개(30g)

해파리 양념 재료

설탕 2큰술
식초 1/4컵

쇠고기 양념 재료

물 1/2컵
맛간장 2큰술
레드 와인 2큰술
설탕 1작은술
다진 마늘 1큰술
참기름 1큰술

겨자 소스 재료

연겨자 1큰술+1/2큰술(35g)
설탕 3큰술
식초 3/4컵
소금 1/2작은술

How to

1 해파리는 짠맛이 빠질 때까지 찬물에 여러 번 조물조물 씻어 끓는 물에 30초 정도 데쳐 찬물에 헹궈 설탕과 식초를 넣어 조물조물 무친다.

2 새우는 큰 것으로 준비하여 끓는 물에 1분 정도 데쳐 껍질을 벗기고 새우가 너무 크면 길이로 반 자른다.

3 쇠고기는 양념 재료로 양념하여 압력솥에 넣고 추가 돌기 시작하면 약한 불로 줄여 10분 정도 삶아 먹기 좋은 크기로 썬다.

4 오이는 굵은소금으로 껍질을 박박 문질러 씻어 4~5cm 길이로 잘라 돌려깎기해 채 썰어 찬물에 한 번 헹구고 당근도 오이와 같은 크기로 채 썬다.

5 겨자 소스 재료를 모두 섞어 소스를 만든다.

6 큰 접시에 쇠고기, 새우, 오이, 당근을 돌려 담고 가운데 해파리를 담은 다음 겨자 소스를 곁들인다.

아욱국:

아욱은 늦봄부터 여름까지 나는 채소로 6월이나 7월에 많이 먹는다. 죽이나 쌈, 장아찌로 다양하게 요리할 수 있다. 아욱에는 칼슘, 무기질, 비타민이 풍부하고 섬유질이 많아 변비에 효과가 있다고 한다. 아욱으로 만든 여름 요리 중 가장 추천하고 싶은 것은 단연 아욱국이다. 아욱국이 너무 맛있어 며느리가 들어올까봐 문 걸어 잠그고 먹었다는 이야기도 있었다. 보통 억센 줄기를 떼고 잎을 살짝 데쳐 된장을 풀어 끓이는데 엄마는 하지 즈음에 나는 햇감자와 들깨가루를 넣어 구수하게 끓였다. 또 장마철에 끓여 먹으면 속을 따뜻하게 한다.

엄마의 비밀 팁

시원한 맛을 즐기려면 들깨가루를 넣지 말아야 합니다.

4인분

요리 시간 30분

재료

아욱 200g
감자 1개(약 200g)
홍고추 약간
대파 1대(실파는 6~7대)
맛국물 4컵
된장 2큰술
다진 마늘 1큰술
들깨가루 2큰술

How to

1 아욱은 줄기를 떼고 잎만 다듬어 살짝 데친다.

2 감자는 껍질을 벗겨 1/4등분해서 납작하게 썰고 홍고추와 대파는 잘게 썬다.

3 냄비에 맛국물을 붓고 먼저 감자를 끓인다.

4 국물이 끓으면 된장을 체에 풀어 넣고 끓으면 데친 아욱을 넣고 5분 정도 끓이다가 잘게 썬 홍고추, 대파, 다진 마늘, 들깨가루 3분 정도 더 끓인다.

1

3

4

다슬기 국:

초여름부터 늦가을까지 물이 맑고 돌이 많은 개울가에서 잡히는 다슬기는 간질환 예방과 치료에 좋다고 알려져 있다. 몸에 좋은 부추와 들깨가루, 풋배추를 넣고 끓이는 다슬기국은 시원하고 구수한 맛이 여름철 입맛을 돋운다.

엄마의 비밀 팁

요즘에는 재래시장이나 마트에 가면 다슬기를 쉽게 구할 수 있습니다. 껍데기를 벗긴 다슬기는 북한산이나 중국산이 대부분인데 국산과 수입산은 육안으로 구분하기 어렵습니다. 다슬기 삶은 물은 버리지 말고 국물을 만들 때 사용합니다. 들깨가루를 넣으면 구수한 맛이 나며, 들깨가루를 넣지 않으면 국물이 맑습니다.

4인분

요리 시간 30분

재료

다슬기 150g
물 3컵
풋배추 1/2단
부추 1/3단(200g)
쪽파 6~7대
풋고추 1개
홍고추 1/2개
청양고추 1개
맛국물 2컵
들깨가루 4큰술
다진 마늘 1큰술
초피액젓 4큰술
찹쌀가루 2큰술

대체 식재료

초피액젓 ▶ 집간장

1

2

3

4

How to

1 살아 있는 다슬기는 물에 담가 3~4시간 정도 해감해서 물을 서너 번 갈아가며 박박 문질러 씻어 냄비에 물 3컵을 붓고 10분 정도 삶는다.

2 다슬기가 식으면 바늘이나 이쑤시개로 알맹이를 빼낸다.

3 풋배추는 끓는 물에 1분 정도 데쳐 3~4cm 길이로 썰고 부추와 쪽파는 풋배추 길이로 썰고 풋고추, 홍고추, 청양고추는 잘게 다진다. 냄비에 다슬기와 다슬기 삶은 물, 맛국물 2컵을 붓고 끓인다.

4 냄비에 배추를 넣고 5분 정도 끓이다가 나머지 재료와 들깨가루, 다진 마늘을 넣고 초피액젓으로 간한다.

5 풋고추, 홍고추, 청양고추, 찹쌀가루를 넣어 한소끔 끓인다.

가지 냉국:

보라색 과일이나 채소가 몸에 좋다고 알려져 있는데 가지도 그중 하나다.
가지는 찜, 구이, 볶음, 튀김 등으로 다양하게 요리해 먹는다.
차가운 성질을 지닌 가지는 여름철 냉국 재료로 손색이 없다.

엄마의 비밀 팁

가지는 쪄서 넓은 쟁반에 펼쳐놓으면 금방 식습니다. 가지는 짙은 보라색을 띠며 윤기가 나고 흠집이 없는 것이 좋은 것입니다. 너무 크거나 약간 누르스름한 색을 띠면 껍질이 질기니 껍질을 벗겨서 요리하는 것이 좋습니다. 냉국을 만들 때 생강이나 매실을 이용하면 배탈을 예방할 수 있습니다.

4인분

요리 시간 30분

재료

가지 3개
홍고추 1/2개
청양고추 2개
집간장 4큰술
식초 4큰술
매실청 2큰술
생강즙 1큰술
물 3컵
깨소금 1큰술

대체 식재료

매실청 ▶ 설탕

How to

1 가지는 껍질째 씻어 김이 오른 찜통에 15~20분 정도 쪄서 식힌다.

2 가지는 적당한 두께와 길이로 찢고 홍고추와 청양고추는 반으로 갈라 씨를 빼서 잘게 채 썬다.

3 큰 그릇에 가지, 홍고추, 청양고추를 담고 집간장, 식초, 매실청, 생강즙을 넣고 조물조물 무친다.

4 양념한 가지에 물 3컵을 붓고 깨소금을 뿌린다.

1

2

가지 탕수:

4인분

요리 시간 40분

주재료

가지 1개(150g)
녹말가루 2큰술
물 8큰술
튀김가루 5큰술
튀김기름 적당량

탕수 소스 재료

매실청 15큰술
맛간장 1큰술
물 5큰술
녹말가루 1큰술

가지는 흔히 나물로 먹지만 가지처럼 다양한 음식을 해 먹을 수 있는 식재료도 흔치 않다. 엄마는 가지로 갖가지 요리를 만드는데 가지를 싫어하는 사람도 맛있게 먹는 게 가지 탕수다. 가지를 튀김가루에 묻혀 튀기는데 간장에 찍어 먹어도 되고 탕수 소스를 만들어 곁들여도 된다.

엄마의 비밀 팁

껍질이 질긴 가지는 튀겨 먹는 것이 좋습니다. 또 가지는 두 번 튀겨야 껍질이 바삭해져 맛있습니다. 신맛이 좋다면 식초를 넣어도 됩니다.

1

2

How to

1 가지는 4~5cm 길이로 잘라 4등분하여 녹말가루를 묻힌다.

2 물 8큰술에 튀김가루를 개어 녹말가루를 묻힌 가지에 튀김옷을 입혀 튀김기름에 두 번 튀겨 기름을 뺀다.

3 냄비에 매실청, 맛간장, 물 5큰술을 넣어 5분 정도 끓이다가 녹말가루를 푼 물을 넣어 주걱으로 저어가며 끓이다가 끓어오르면 불을 끄고 튀긴 가지를 접시에 담고 소스를 끼얹는다.

가지 순대:

여름에 밭에 가보면 오이와 함께 잘 자라는 것이 가지다. 하룻밤만 지나도 쑥쑥 자라는 가지는 열매도 풍성하게 맺는다. 보랏빛 가지를 따서 가지나물을 만들거나 입맛이 없을 때는 가지 냉국을 만들어 입맛을 달랜다. 또 다른 별미가 있으니, 가지의 속을 파서 찐 밥을 채우고 만드는 여름 먹거리인 가지 순대이다.

엄마의 비밀 팁

가지 순대용 가지는 곧은 것으로 골라야 조리하기 쉽고 쇠고기는 살코기로만 준비합니다.

4인분

요리 시간 1시간

주재료

가지 3개
찹쌀 1/2컵(100g)
쇠고기(다진 살코기) 30g
식용유 적당량
당근(5cm 길이) 1토막
애호박 1/3개
맛간장 2큰술
참기름 1큰술

불고기 양념 재료

쇠고기 등심 600g
맛간장 6큰술
설탕 1큰술
청주 2큰술
참기름 2큰술
깨소금 2작은술

How to

1 가지는 씻어 속을 파낸다.

2 찹쌀은 물에 4~5시간 정도 불려 삼베를 깐 채반에 얹어 40분 정도 찐다.

3 다진 쇠고기는 불고기 양념으로 밑간하여 팬에 볶고 당근과 애호박은 곱게 다지고 큰 그릇에 찐 찹쌀과 함께 담는다.

4 준비한 재료에 맛간장과 참기름을 섞어 가지에 채운다.

5 김이 오른 찜통에 가지를 넣고 10분 정도 쪄서 먹기 좋은 크기로 썬다.

가지 된장 소스:

가지는 혈관을 부드럽게 하고 동맥경화와 고혈압 등을 예방하는 건강식품으로 널리 알려져 있다. 가지는 여름이 제철로 수분이 많고 칼로리가 낮아 다이어트에 효과적이다. 가지에 된장을 올려 먹으면 깔끔한 맛과 부드러운 식감을 즐길 수 있다.

엄마의 비밀 팁

이 음식은 가지와 된장을 함께 먹으니 소화도 잘되고 장에도 무리가 가지 않습니다. 큰 접시에 담으면 일품요리가 됩니다.

4인분

요리 시간 30분

재료

쇠고기(채끝살 등 기름기 없는 부위) 100g
양파 1/2개
풋고추 1개
홍고추 1개
된장 1큰술
참기름 2큰술
다진 마늘 1큰술
대파 1/3대
깨소금 1큰술
가지(보통 크기) 2개

How to

1 쇠고기는 잘게 다지고 양파, 풋고추, 홍고추는 곱게 다지고 된장도 준비한다.

2 쇠고기는 팬을 달궈 참기름 1큰술을 두르고 볶는다.

3 쇠고기가 다 익으면 된장을 넣어 볶다가 양파, 풋고추, 홍고추, 다진 마늘을 넣어 살짝 볶은 다음 대파를 다져 넣고 참기름 1큰술과 깨소금을 섞어 된장 소스를 만든다.

4 가지는 4cm 길이로 썰어 한 줄로 살짝 칼집을 넣는다.

5 가지를 찜통에서 15분 정도 찐다.

6 가지에 된장 소스를 올려 그릇에 담는다.

초교탕:

여름에 보양식으로 닭고기를 즐겨 먹는다. 닭을 삶아 채소와 함께 차게 먹는 것이 초계탕이고, 도라지와 쇠고기, 미나리, 표고버섯을 넣어 따끈하게 먹는 것이 초교탕이다. 초교탕은 옛날부터 즐겨 먹던 궁중 요리로 더운 여름철에 이열치열로 몸을 보양하기에 좋다.

엄마의 비밀 팁

도라지 대신 더덕을 넣으면 더덕의 향긋함을 즐길 수 있습니다.

4인분

요리 시간 2시간 10분

주재료

닭 1마리(1kg)
도라지 2뿌리(200g)
무 1/10개(50g)
마른 표고버섯 3개
들깨가루 2큰술
집간장 2큰술
다진 쇠고기 100g
다진 마늘 3큰술
쪽파 12대
소금 1작은술

닭 삶는 물 재료

물 1.5ℓ
집간장 3큰술

How to

1 바닥이 두꺼운 냄비에 손질한 닭과 물 1.5ℓ, 집간장 3큰술을 넣고 끓기 시작하면 중간 불로 줄여 1시간 20분 정도 삶는다.

2 삶은 닭은 건져 살을 발라내고 닭뼈는 다시 냄비에 넣고 30분 정도 중간 불로 끓여 건진다.

3 손질한 도라지는 2cm 길이로 썰고 무는 나박하게 썰고 마른 표고버섯은 물에 불려 밑동을 자르고 채 썬다.

4 닭고기, 도라지, 표고버섯, 무를 들깨가루와 집간장 2큰술을 넣어 버무린다.

5 닭 삶은 물에 쇠고기를 넣고 끓기 시작하면 ④를 넣어 10분 정도 끓인다.

6 다진 마늘, 쪽파를 2cm 길이로 썰어 넣고 소금으로 간한다.

닭백숙:

삼복더위에 삼계탕 한 그릇을 먹지 않는 사람은 드물 것이다. 예부터 어르신들은 체력과 입맛이 떨어지면 보양식으로 백숙이나 삼계탕을 해 먹었다. 닭백숙과 삼계탕의 차이는 닭백숙은 어른 서너 명이 먹을 수 있는 큰 닭을 사용하고 삼계탕은 혼자 먹을 만한 영계를 사용한다. 땀을 많이 흘려 지쳤을 때 닭백숙에 마늘, 대추, 인삼, 찹쌀과 각종 한약재를 넣으면 원기회복에 좋다.
닭 요리에 어울리는 한약재로는 옻나무, 하수오, 헛개나무, 오가피, 엄나무, 황기, 당기, 녹두, 구기자 등이 있다.

엄마의 비밀 팁

면주머니에 넣은 찹쌀은 익으면서 부풀어 오르니 그 점을 감안해서 찹쌀의 양을 조절합니다. 진밥을 좋아하면 공간을 더 많이 두어야 합니다. 닭고기의 잡내를 없애기 위해 소주나 청주를 넣습니다. 또 압력솥으로 빨리 끓일 수도 있지만 바닥이 두꺼운 일반 냄비를 사용해도 됩니다.

4인분

요리 시간 1시간 20분

재료

물 1.5ℓ
찹쌀 1컵
닭 1마리(약 1kg)
대추 10개
황기 150g
마늘 25쪽(250g)
소금 1큰술
소주 1/4컵

대체 식재료

소주 ▶ 청주

How to

1 바닥이 두꺼운 냄비에 물 1.5ℓ를 붓고 찹쌀을 씻어 면주머니에 넣고 입구를 묶어 넣고 손질한 닭, 대추, 황기, 마늘, 소금, 소주를 넣는다.

2 냄비 뚜껑을 덮고 끓이다가 끓기 시작하면 중간 불로 줄이고 1시간 정도 더 끓인다.

3 국물이 반으로 줄면 찹쌀이 든 면주머니를 먼저 꺼내고 닭을 건진다.

1

4인분

요리 시간 50분

재료

닭 1마리(1kg)
물 3컵
집간장 2큰술
맛간장 3큰술
감자 3개
홍고추 2개
대파 1대
고춧가루 2큰술
다진 마늘 2큰술
후춧가루 약간

닭찜:

닭은 사계절 먹을 수 있는 식재료다.
여름철 닭 요리로 가장 먼저 삼계탕을 떠올리지만 여름철에 나는
하지 감자와 닭을 매콤하게 찌면 이열치열로 더위를 이길 수 있으며
얼큰해서 땀을 흘리면서 먹고 나면 개운하다.

엄마의 비밀 팁

닭을 살짝 데치면 잡내를 제거할 수 있는데, 삶을 때 청주나 소주를 부어도 잡내를 제거할 수 있습니다. 간장을 미리 넣고 삶으면 닭의 속까지 간이 고루 뱁니다. 홍고추와 대파는 감자가 다 익을 즈음 넣어 살짝 익혀야 먹음직스럽습니다.

How to

1 닭은 먹기 좋은 크기로 토막 내서 끓는 물에 5분 정도 데쳐 찬물로 헹군다.

2 압력솥에 닭을 담고 물 3컵, 집간장, 맛간장을 넣고 추가 돌기 시작하면 중간 불로 줄여 10분 정도 삶는다.

3 닭을 삶는 동안 감자는 껍질을 벗겨 1/4등분하고 홍고추와 대파는 어슷하게 썬다.

4 ②의 닭에 감자, 홍고추, 대파, 고춧가루, 다진 마늘, 후춧가루를 넣고 감자가 익을 때까지 10분 정도 끓인다.

1

2

4

애호박 순대:

호박도 여름 밭에 없어서는 안되는 식재료이다. 된장국을 끓이고 나물로도 먹는데 가지처럼 호박 순대를 만들어도 맛있다. 손이 많이 가지만 보기에도 좋고 한입에 쏙 들어가니 여름철 별미 중에 별미다. 단백질이 풍부한 검은 두부와 잣으로 건강까지 책임진다.

엄마의 비밀 팁

애호박은 일자로 곧게 뻗은 것으로 골라야 요리하기 편합니다. 잘라낸 애호박의 양끝은 다져서 소에 넣어도 됩니다.

4인분

요리 시간 30분

재료

애호박 3개
검은콩 두부 1/2모(300g)
당근 1/2개
애호박(소 재료용) 1/3개
표고버섯 3개
잣 약간
맛간장 2큰술
참기름 1큰술

How to

1 애호박은 양 끝을 2cm 길이로 잘라내고 끝이 뾰족한 필러로 가운데 속을 동그랗게 파낸다.

2 검은콩 두부는 으깨고 당근과 소 재료용 애호박과 표고버섯은 곱게 다진다.

3 큰 그릇에 으깬 두부, 당근, 다진 애호박, 표고버섯을 넣고 맛간장과 참기름으로 섞어 애호박에 채운다.

4 속을 채운 호박을 김이 오른 찜통에 넣고 5분 정도 쪄서 적당한 크기로 잘라 잣을 하나씩 올린다.

1

2

둥근 호박 갈치조림:

갈치는 그 자체로도 맛있어서 싱싱할 때는 회로 먹고 소금을 뿌려 구워도 좋지만 감자나 무를 넣고 조리면 맛있다. 여름에는 호박이나 감자 등을 넣고, 가을에는 무를 넣어 조린다. 갈치 등의 생선을 시장이나 마트에서 구입할 때는 용도에 맞게 손질을 부탁하면 된다.

4인분

요리 시간 30분

주재료

갈치(두께 1.5cm) 1마리(300g)
둥근 호박 200g(약 1/2개)
양파(큰 것) 1/4개
풋고추 1개
홍고추 1개
대파(잎 부분) 1/2대

조림장 재료

맛국물 1컵
고춧가루 2큰술
초피액젓 3큰술
맛간장 2큰술
다진 마늘 2큰술
다진 생강 1작은술

대체 식재료

초피액젓 ▶ 집간장
맛간장 ▶ 진간장

엄마의 비밀 팁

갈치는 칼로 비늘을 벗기는데 너무 깊이 넣으면 갈치 속살이 날아갈 수 있으니 힘을 빼고 살살 벗깁니다. 토막을 내면 손질하기 어려우니 마리째 먼저 손질하고 나서 토막을 냅니다.

How to

1 그릇에 맛국물, 고춧가루, 초피액젓, 맛간장, 다진 마늘, 다진 생강을 넣고 섞어 양념장을 만든다.

2 갈치는 칼로 비늘을 살살 벗긴다.

3 둥근 호박은 1.5cm 두께로 두툼하게 썰고 양파는 약간 굵게 썰고 풋고추와 홍고추, 대파는 어슷하게 썬다.

4 그릇에 둥근 호박과 양파를 깔고 그 위에 갈치를 올리고 풋고추, 홍고추, 대파를 넣고 양념장을 끼얹어 센 불로 5분 정도 조리다가 중간 불로 줄여 5분 정도 더 조린다.

5 대파를 어슷하게 썰어 맨 위에 올리고 살짝 더 끓인다.

4

토마토탕:

영양이 풍부하고 장수 식품으로 알려져 있는 토마토는 주스로 갈아 마시거나 샐러드에 사용한다. 토마토는 항암 효과가 있으며 변비 예방, 피로 회복 등 많은 효능을 가지고 있다. 여름철 생으로 먹는 토마토도 좋지만 탕으로 만들면 속이 편한 훌륭한 한 끼 식사가 된다. 성질이 찬 토마토는 익혀 먹는 게 좋다.

엄마의 비밀 팁

맛국물이 없으면 넣지 않아도 되는데 토마토 자체에 수분이 많아 물을 넣지 않아도 국물이 생깁니다.

4인분

요리 시간 20분

재료

토마토 4개
맛국물 3컵
초피액젓 2큰술
대파 1대
달걀 2개

대체 식재료

초피액젓 ▶ 소금

1

2

4

How to

1 토마토는 열십자로 칼집을 내어 살짝 데쳐 껍질을 벗긴다.

2 냄비에 맛국물을 붓고 끓으면 껍질 벗긴 토마토를 적당한 크기로 잘라 넣는다.

3 다시 끓으면 초피액젓으로 간한다.

4 대파를 어슷하게 썰어 넣고 달걀을 풀어 넣고 한번 휘 저어 바로 불을 끈다.

4인분

요리 시간 30분

재료

옥수수 1개(옥수수 알 150g)
오이(5cm 길이) 1토막
당근(5cm 길이) 1토막
잣 3큰술(50g)
튀김기름 적당량
물 80㎖
녹말가루 1작은술
설탕 2작은술
소금 1/2작은술

옥수수 잣튀김:

여름철 밭의 가장자리에 많이 심는 옥수수. 옥수수는 보통 삶아서 먹는데, 옥수수 알갱이를 강냉이로 튀겨 먹기도 한다. 여름철 영양 간식으로 옥수수 알을 튀겨 잣과 함께 만들어보았다. 고소하고 달콤한 맛으로 상에 내면 금방 없어질 정도로 훌륭한 영양 간식이다.

엄마의 비밀 팁

옥수수 하나를 삶아 알을 발라내면 150g 정도 됩니다. 제철일 때 옥수수를 삶아 알갱이를 빼서 적당한 분량씩 나누어 냉동보관하면 좋습니다.

How to

1 옥수수는 삶아 식혀 알을 발라낸다.

2 오이와 당근은 잘게 썰고 잣도 준비한다.

3 튀김기름에 옥수수 알을 튀긴다.

4 물 80㎖에 녹말가루, 설탕, 소금을 넣어 고루 섞는다.

5 팬에 튀긴 옥수수 알과 잣을 볶다가 오이와 당근을 넣고 ④의 녹말물을 부어 1분 정도 더 볶는다.

1

2

4

죽순전:

봄이 되면 쉽게 볼 수 있는 죽순은 대나무의 어린 싹으로 성인병을 예방하고 다이어트에도 효과적이다. 맛도 좋아 죽순회, 죽순나물, 죽순찌개, 죽순 볶음밥 등을 만들 수 있고 죽순주도 빼놓을 수 없는 먹거리다. 비가 잦은 장마철에는 전이 생각나기도 한다. 여름철에는 전을 부칠 만한 재료가 풍부하지만 죽순을 갈아 부치면 그 맛이 특별하다.

엄 마 의 비 밀 팁

봄에 나는 죽순은 손질해서 냉동 보관하면 일 년 내내 맛볼 수 있습니다. 냄비에 죽순과 죽순이 잠길 정도로 물을 부어 된장을 풀고 40분 정도 삶아 식으면 껍질을 벗겨 얇게 썰면 됩니다. 이때 된장은 죽순 1개에 된장 1큰술의 비율로 넣습니다. 죽순을 삶아 뜨거울 때 바로 건지면 죽순에서 알싸한 아린 맛이 납니다. 그래서 죽순은 삶아서 물과 함께 식힌 다음 껍질을 벗겨야 아린 맛이 나지 않습니다.

4인분

요리 시간 30분

재료

죽순(얇게 썬 것) 250g
물 1컵
부침가루 3큰술
식용유 적당량

How to

1 믹서에 죽순과 물 1컵을 넣고 간다.

2 그릇에 간 죽순을 담고 부침가루를 넣고 잘 섞는다. 팬을 달궈 기름을 두르고 반죽을 한 숟가락씩 떠서 앞뒤로 노릇노릇하게 굽는다.

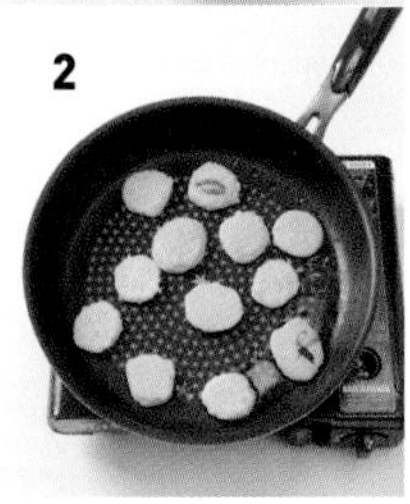

4인분

요리 시간 30분

주재료

셀러리 1대
손질한 죽순 150g
쇠고기 우둔살 100g
참기름 2큰술
소금 1작은술

쇠고기 양념 재료

맛간장 1큰술
설탕 1작은술
참기름 1큰술
후춧가루 약간

홍시 소스 재료

홍시 4개
꿀 2큰술
식초 3큰술
소금 1작은술

대체 식재료

쇠고기 ▶ 표고버섯

1

2

죽순 셀러리볶음:

죽순은 성질이 차 몸에 열이 많거나 가래와 어지럼증이 심할 때 먹으면 효과가 있다고 한다. 또 칼륨이 많아 체내 염분을 조절하고 혈중 콜레스테롤을 떨어뜨려 고혈압, 동맥경화, 심장병 등에도 좋다고 한다. 봄에 나는 죽순을 손질해 보관했다가 음식 궁합이 좋은 쇠고기와 섬유질이 풍부한 셀러리를 넣어 여름철 보양식을 만들었다.

엄마의 비밀 팁

홍시 소스의 홍시가 죽순의 아린 맛을 잡아줍니다. 죽순과 셀러리를 볶을 때 쇠고기를 함께 볶지 않는 이유는 쇠고기 양념의 국물이 죽순과 셀러리에 배여 색깔을 탁하게 하고 깔끔한 맛도 해치기 때문입니다.

How to

1 셀러리는 잎은 떼고 줄기만 준비하고 죽순은 어슷하게 썰고 쇠고기는 양념 재료에 밑간해서 팬을 달궈 볶는다.

2 홍시 소스 재료를 모두 섞어 소스를 만든다.

3 팬을 달궈 참기름을 두르고 죽순을 볶다가 소금으로 간하고 셀러리를 넣어 살짝 볶는다.

4 죽순과 셀러리에 볶은 쇠고기를 섞어 접시에 재료를 담고 홍시 소스를 곁들인다.

풋고추 표고버섯전:

풋고추는 비타민이 풍부해 피로회복에 좋고 혈당 지수와 칼로리가 낮아 다이어트에도 좋다. 풋고추는 제철인 여름에 흔하고 싸기 때문에 가끔은 처치가 곤란할 때가 있다. 이때는 믹서에 갈아 한 번 요리할 분량씩 나눠 냉동 보관하면 언제든지 맛있는 전을 부칠 수 있다.

엄마의 비밀 팁

더위에 지쳤을 때 풋고추를 2~3개만 먹어도 금방 기운이 나는 것 같은데, 이는 고추의 풍부한 비타민 때문이라고 합니다. 열무김치를 담글 때 풋고추를 믹서에 갈아 양념에 넣으면 맛있습니다.

4인분

요리 시간 30분

재료

풋고추 15개(30g)
불린 표고버섯 6개
달걀 1개
밀가루 6큰술
소금 1큰술
식용유 적당량

대체 식재료

밀가루 ▶ 부침가루
(소금은 넣지 않음)

How to

1 풋고추는 믹서에 갈고 불린 표고버섯은 곱게 채 썰어 달걀, 밀가루, 소금을 넣어 반죽한다.

2 팬을 달궈 기름을 두르고 반죽을 한 숟가락씩 떠 넣어 앞뒤로 노릇노릇하게 지진다.

감자 고추장 찌개:

4인분

요리 시간 30분

재료

감자(중간 것) 3개(600g)
양파 1/2개
대파 1대
국물용 멸치 30마리
맛국물 4컵
고춧가루 1큰술
집고추장 1큰술
초피액젓 1큰술
다진 마늘 1큰술

대체 식재료

초피액젓 ▶ 집간장

여름철에 많이 나는 감자와 고추장으로 끓인 매콤한 찌개는 한여름에 땀을 뻘뻘 흘리면서 먹어야 이열치열로 무더위를 이길 수 있다. 고추장은 단맛이 없는 재래식 고추장을 넣어야 깔끔하고 깊은 맛이 난다. 시중에 파는 물엿이 첨가된 고추장은 찌개 요리에는 적합하지 않다.

엄마의 비밀 팁

쇠고기를 넣은 감자찌개도 맛있지만 멸치를 넣은 감자찌개는 시원한 맛과 감칠맛을 동시에 즐길 수 있습니다.

1

2

How to

1 감자와 양파는 먹기 좋은 크기로 썰고 대파는 어슷하게 썰고 멸치는 너무 크지 않은 국물용 멸치로 준비하여 머리와 내장을 제거한다.

2 냄비에 맛국물과 양파를 넣어 끓어오르면 감자와 멸치를 넣고 고춧가루와 집고추장을 넣어 10분 정도 끓인다.

3 감자가 익으면 초피액젓으로 간하고 대파와 다진 마늘을 넣고 한소끔 끓인다.

쇠고기 박국:

박은 늦여름부터 시장에 나온다. 나물로도 먹지만 뭇국처럼 국을 끓여 먹기도 한다. 박은 특별히 향이 있거나 단맛이 나지는 않지만 맛이 담백해서 어느 식재료와도 잘 어울린다.

엄마의 비밀 팁

박은 연한 연둣빛을 띤 것을 고릅니다. 먼저 감자 깎는 필러로 둥근 호박을 다듬듯 껍질을 벗기면 쉽게 벗겨집니다. 껍질을 벗겨내고 반으로 갈라 숟가락으로 속을 파내고 8등분하여 칼로 썰면 됩니다.

4인분

요리 시간 40분

재료

쇠고기(국거리) 200g
껍질 벗긴 박 20g
참기름 2큰술
맛국물 4컵
집간장 5큰술
쪽파 5~6대
다진 마늘 1큰술

1

2

How to

1 쇠고기는 잘게 채 썰고 박은 가로, 세로 2cm 크기로 나박하게 썬다.

2 냄비에 참기름을 두르고 쇠고기와 박을 넣어 5분 정도 볶다가 맛국물과 집간장을 넣고 10분 정도 끓인다.

3 쪽파는 2cm 길이로 썰어 넣고 다진 마늘을 넣고 한소끔 끓인다.

박나물:

엄마는 어릴 적 지붕 위에 있는 박 줄기를 많이 보고 자랐다. 요즘에는 시골에 가도 그런 풍경을 보기 어렵지만…. 가을에 박이 익으면 삶아 바가지를 만들고 어린 박은 나물이나 국을 해 먹고 말렸다가 낙지와 함께 요리하기도 했다. 여름에서 가을까지 나는 박나물은 시골의 소박한 밥상에 오르는 나물이다. 들기름에 박을 볶으면 시원하고 담백한 맛이 난다.

4인분

요리 시간 20분

재료

껍질 벗긴 박 400g
들기름 2큰술
맛국물 5큰술
초피액젓 2큰술
홍고추 1/2개

대체 식재료

초피액젓 ▶ 집간장

엄마의 비밀 팁

박은 연한 것으로 고르는데 손톱으로 눌렀을 때 손톱 자국이 쉽게 나야 연합니다. 단단한 박은 껍질이 너무 딱딱해 먹기가 불편합니다. 요즘은 마트나 시장에서 껍질을 벗겨서 손질해놓은 박을 쉽게 볼 수 있습니다.

How to

1 껍질 벗긴 박은 일정한 두께로 채 썬다.

2 팬을 달궈 들기름을 두르고 박을 넣어 1분 정도 볶다가 맛국물과 초피액젓을 넣어 중간 불로 10분 정도 볶는다.

3 홍고추를 채 썰어 넣고 살짝 볶는다.

고구마순 멸치볶음:

고구마순에도 고구마만큼이나 영양분이 많다. 식물성 지방과 비타민이 많이 함유되어 기미나 잡티, 노화 방지에도 좋고 여름에 지친 피부에도 효과적이다. 뒷밭에서 자란 고구마 줄기를 따서 삶아 껍질을 벗겨 말리면 묵나물로 먹기도 하고 담백하게 김치도 담근다. 칼슘과 무기질이 풍부한 멸치를 넣고 감칠맛 나게 볶아도 맛있다. 고구마순에 들깨가루를 넣고 많이 볶는데 엄마는 멸치를 넣고 볶았다.

엄마의 비밀 팁

묵나물을 볶을 때 들깨가루를 넣으면 한결 부드럽습니다. 들기름을 안전하게 먹을 수 있는 기간은 보름 정도인데 참기름을 20% 정도 섞으면 오래 두고 먹을 수 있습니다.

4인분

요리 시간 30분

재료

고구마순 200g
소금 약간
들기름 2큰술
손질한 멸치 100g
다진 마늘 1큰술
초피액젓 1큰술

대체 식재료

초피액젓 ▶ 집간장

How to

1 고구마순은 껍질을 벗겨 물에 씻는다.

2 끓는 물에 소금을 약간 넣고 고구마순을 10분 정도 삶는다.

3 삶은 고구마순은 찬물에 헹궈 물기를 빼고 5~6cm 길이로 자른다.

4 팬을 달궈 들기름을 두르고 고구마순을 2분 정도 볶다가 멸치와 다진 마늘을 넣고 5분 정도 볶는다.

5 초피액젓으로 간한다.

1

2

4

머윗대 다슬기 들깨찜:

머위 잎은 봄에서 여름까지 먹을 수 있는데 초봄에는 나물로 먹고 잎이 커지면 쪄서 쌈으로 먹고 한여름에 잎이 억세지면 머윗대를 먹는다. 재래시장에 가면 손질한 머윗대를 쉽게 구할 수 있는데 생머윗대는 삶아서 껍질을 벗거야 잘 벗겨진다. 피곤에 지친 여름철에 좋은 다슬기와 들깨가루도 넣었는데 들깨가루가 싫으면 넣지 않아도 된다.

4인분

요리 시간 30분

재료

머윗대 6대(200g)
손질한 다슬기 150g(약 1컵)
들기름 2큰술
맛국물 1컵
초피액젓 2큰술
들깨가루 3큰술
다진 마늘 1큰술
찹쌀가루 2큰술

엄마의 비밀 팁

머윗대는 가늘고 어린 것보다 굵고 큰 것으로 요리합니다. 잎을 떼고 줄기만 끓는 물에 30분 정도 삶아 물이 식을 때까지 기다렸다가 껍질을 위에서 아래로 벗깁니다. 이렇게 해야 쌉싸래한 맛을 없앨 수 있습니다.

1

2

How to

1 머윗대는 반으로 잘라 끓는 물에 5분 정도 삶아 찬물에 헹군 다음 껍질을 벗기고 먹기 좋은 크기로 자른다.

2 팬을 달궈 들기름을 두르고 머윗대를 5분 정도 볶아 맛국물을 넣고 초피액젓으로 간하여 5분 정도 푹 익혀 들깨가루와 다슬기를 넣어 뒤적인다.

3 다진 마늘과 찹쌀가루를 넣어 고루 섞는다.

돼지고기 부추볶음:

수분 섭취를 위해서 채소와 과일을 많이 먹는 여름철. 육류 섭취도 게을리할 수 없어 돼지고기에 여름 채소인 부추를 넣어 볶았다. 부추의 파란색과 당근의 빨간색이 어우러져서 보기에도 좋고 맛도 좋다. 여름철에 돼지고기를 볶을 때 고추장으로 맵게 먹기도 하지만 고추장 대신 간장으로 담백하게 볶아도 맛있다.

엄마의 비밀 팁

부추에서 물이 생기지 않게 볶으려면 돼지고기를 중간 불로 볶다가 고기가 다 익을 즈음 부추를 넣고 센 불로 볶습니다.

4인분

요리 시간 30분

재료

돼지고기(살코기) 300g
부추 1/6단(100g)
당근 1/4개(50g)
들기름 1큰술
맛간장 3큰술
설탕 1큰술
다진 마늘 2큰술
후춧가루 약간
통깨 1큰술

How to

1 돼지고기는 잡채를 만들 때처럼 약간 길쭉하게 썰고 부추는 다듬어 씻어 5~6cm 길이로 썰고 당근은 채 썬다.

2 팬에 들기름을 두르고 돼지고기를 5분 정도 볶다가 맛간장, 설탕, 다진 마늘, 후춧가루를 넣는다.

3 고기가 익으면 부추와 당근을 넣고 1~2분 정도 볶아 통깨를 뿌린다.

1

오리 간장 불고기:

보통 고기가 산성인 반면, 오리고기는 알칼리성 식품으로 우리 몸이 산성화되는 것을 막아준다. 또 불포화지방산이 높기 때문에 지방 과다로 인한 고혈압, 동맥경화증과 같은 성인병 예방에도 효과적이며 체내 독소를 배출하여 해독하는 효능도 있다고 한다. 오리고기는 불고기 양념하듯 간장으로 맵지 않게 양념하면 누구나 즐길 수 있는 고기 보약이 된다. 재래시장에 가면 오리를 직접 잡아주기도 하고 마트나 정육점에서도 오리를 부위별로 판다.

4인분

요리 시간 30분

재료

오리고기 300g
양파 1개
대파 1대
다진 마늘 2큰술
맛간장 3큰술
설탕 1큰술
후춧가루 약간
식용유 적당량

엄마의 비밀 팁

오리 한 마리로 두 가지 요리를 할 수 있습니다. 뼈와 살을 분리해 살코기는 소금을 뿌려 구워 먹거나 양념해 먹고 뼈는 한약재와 찹쌀, 녹두, 콩, 대추 등을 넣어 푹 고아 먹습니다.

How to

1 오리고기는 뼈와 기름을 제거한다.

2 양파는 채 썰고 대파는 어슷하게 썬다.

3 그릇에 오리고기, 양파, 대파를 담고 다진 마늘, 맛간장, 설탕, 후춧가루를 넣어 조물조물 무친 다음 팬을 달궈 중간 불로 15분 정도 볶는다.

1

오리 고추장 불고기:

오리고기는 불포화지방의 비율이 높아 많이 먹어도 지방이 과다 축적되지 않고 몸의 산성화를 막아준다고 한다. 오리는 오리불고기, 오리탕, 오리백숙, 오리훈제 등으로 다양하게 요리해 먹는다. 오리불고기는 고추장을 넣어 매콤하게 양념했는데 한두 시간 정도 냉장고에서 숙성시키면 양념이 배어 더 맛있다.

엄마의 비밀 팁

병원에 오래 입원했거나 몸이 허약한 사람에게 좋은 원기회복식은 오리백숙입니다. 일주일에 한 마리 정도를 6개월간 꾸준하게 먹으면 몸이 달라진다고 합니다. 또 다이어트에는 가슴살과 안심이 좋고 피부 미용에는 발이 좋다고 합니다.

4인분

요리 시간 30분

재료

오리고기 300g
양배추 1/8통(200g)
양파 1개
대파 1대
고추장 2큰술
맛간장 3큰술
설탕 1큰술
고춧가루 2큰술
다진 마늘 2큰술

How to

1 오리고기는 뼈와 기름을 제거한다.

2 양배추와 양파는 채 썰고 대파는 어슷하게 썬다.

3 오리고기에 고추장, 맛간장, 설탕, 고춧가루, 다진 마늘을 넣고 조물조물 무친다.

4 팬을 달궈 오리고기를 15분 정도 볶다가 양배추, 양파, 대파를 넣고 살짝 더 볶는다.

3

쇠고기 장조림:

나물과 푸성귀를 많이 먹는 여름철에도 균형 잡힌 육류 섭취가 필요하다. 쇠고기는 사시사철 먹을 수 있지만 쇠고기 장조림은 고기를 삶아서 식혀 먹기 때문에 여름철에 좋다. 여름철에 나오는 마늘과 애기고추를 넣어 만들어 냉장 보관하면 두고두고 먹을 수 있다.

4인분

요리 시간 50분

재료

쇠고기(아롱사태 또는 양지머리) 300g
물 3컵
집간장 5큰술
맛간장 5큰술
설탕 1큰술
마늘 10쪽
애기고추 20개(200g)

대체 식재료

애기고추 ▶ 꽈리고추, 청양고추

엄마의 비밀 팁

처음 고기를 삶을 때부터 간장을 넣어야 간이 고루 배어 고기가 맛있습니다. 고기를 손으로 찢지 않고 칼로 먹기 좋게 썰어 상에 내면 색감이 살아 맛있어 보입니다. 메추리알이나 달걀을 넣어도 좋습니다.

1

3

H o w   t o

1 냄비에 쇠고기와 물 3컵, 집간장, 맛간장, 설탕을 넣고 처음에는 센 불로 10분 정도 삶다가 중간 불로 줄여 30분 정도 삶는다.

2 쇠고기가 익으면 마늘과 애기고추를 넣고 살짝 끓인다.

3 마늘과 애기고추가 익으면 불을 끄고 식힌다.

4 쇠고기는 먹기 좋은 크기로 썰거나 손으로 찢는다.

양장피 잡채:

양장피의 쫄깃한 맛과 쇠고기, 새우, 채소가 어우러져 색감과 식감이 식욕을 돋운다. 손님을 초대하거나 집안에 행사가 있을 때 내기 좋은 음식이다. 양장피는 녹말로 만드는데 대부분 중국산 녹말을 사용한다고 한다.

엄마의 비밀 팁

양장피는 중국 식재료상이나 마트에서 구입할 수 있습니다. 삶아서 물에 헹궈 밑간을 해야 맛있고 오이와 같이 새콤달콤하게 무쳐도 맛있습니다. 채소는 생으로 먹거나 볶아도 되니 취향에 따라 선택하면 됩니다.

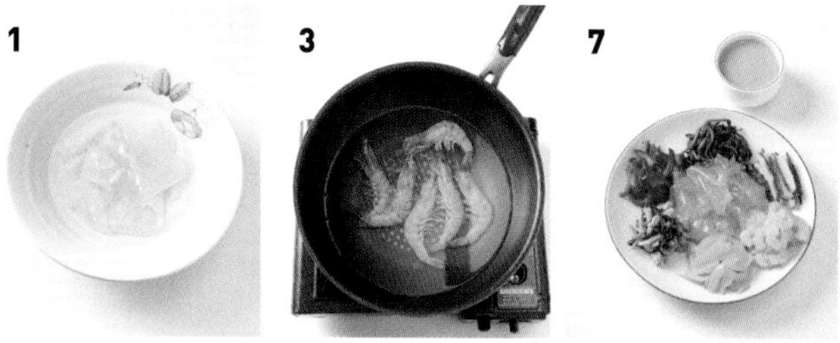

4인분

요리 시간 1시간 30분

주재료

양장피 2조각
쇠고기 안심 300g
새우 10개
오이 1/2개
당근 1/2개
식용유 적당량

쇠고기 양념 재료

맛간장 3큰술
설탕 1큰술
참기름 1큰술

소스 재료

파인애플(통조림) 3조각
잣 2큰술
연겨자 1큰술
소금 2작은술
배 1개

양장피 양념 재료

맛간장 2큰술
참기름 1큰술

How to

1 양장피는 찬물에 40분에서 1시간 정도 불린다.

2 쇠고기는 맛간장, 설탕, 참기름을 넣어 조물조물 양념해 30분 정도 재웠다가 볶는다.

3 새우는 머리와 꼬리를 떼고 등 쪽의 내장을 제거한 다음 살짝 데쳐 길이로 반 자른다. 오이는 반 갈라 씨를 빼서 채 썰고 당근은 채 썰어 팬을 달궈 기름을 두르고 각각 볶는다.

4 파인애플과 잣은 믹서에 갈고 연겨자는 따로 개어 넣고 소금으로 간한다.

5 배는 껍질을 벗겨 강판에 갈아 즙만 소스에 넣고 고루 섞는다.

6 불린 양장피는 끓는 물에 1분 정도 살짝 데쳐 찬물에 헹구고 적당한 크기로 잘라 맛간장과 참기름에 조물조물 무친다.

7 큰 접시에 볶은 채소를 돌려 담고 양장피를 담은 다음 소스를 곁들인다.

아롱사태찜:

아롱사태찜 역시 쇠고기 장조림처럼 식혀서 먹기 때문에 여름에 좋다. 쇠고기 장조림이 밑반찬으로 두고두고 먹을 수 있는 반면, 아롱사태찜은 별미 요리로 적당하다. 대파를 채 썰어 곁들이면 더 맛있다.

엄마의 비밀 팁

냄비보다는 압력솥에 찌는 게 시간도 단축되고 맛도 좋습니다. 대파채를 곁들이면 좋은데 대파 2대를 채 썰어 새콤달콤하게 무치면 됩니다.

4인분

요리 시간 1시간

재료

아롱사태 600g
맛간장 6큰술
물 1컵
레드 와인 1/2컵
다진 마늘 2큰술
설탕 2큰술
참기름 2큰술

How to

1 아롱사태는 압력솥이나 냄비에 담아 맛간장과 물 1컵을 넣는다.

2 압력솥으로 삶을 때는 추가 돌기 시작하면 불을 약하게 줄이고 20분 정도 끓이다가 뜸을 들인다. 뚜껑을 열고 레드 와인, 다진 마늘, 설탕, 참기름을 넣어 다시 뚜껑을 덮고 약한 불에서 10분 정도 졸인다.

3 아롱사태가 식으면 먹기 좋게 썰어 접시에 담는다.

1

북어 보푸라기:

북어 보푸라기는 손이 많이 가지만 정성이 느껴지는 음식이다.
예전에는 새색시가 시집갈 때 만들어 가는 밑반찬 중 하나였다고 한다.
집에 귀한 손님이 오시면 정성을 담아 내는 음식이기도 하다.

엄마의 비밀 팁

집간장을 약간만 넣지만 고운 고춧가루를 약간 넣어 색을 내면 식욕을 돋웁니다.

4인분

요리 시간 40분

주재료

북어 1마리

양념 재료

맛국물 2큰술
집간장 1큰술
조청 1큰술
참기름 1큰술
통깨 1큰술

대체 식재료

조청 ▶ 물엿

H o w t o

1 통북어는 씻어 대가리를 자르고 가시와 물기를 제거하여 손으로 잘게 찢는다.

2 믹서에 넣고 1초씩 작동했다 멈췄다를 반복하여 북어 보푸라기를 낸다.

3 냄비에 양념 재료인 맛국물, 집간장, 조청, 참기름, 통깨를 넣고 바글바글 끓으면 불을 약하게 줄이고 보푸라기를 넣어 양념이 골고루 배도록 가볍게 뒤적이다가 불을 끈다.

북어찜:

북어찜은 사계절 내내 먹을 수 있지만 생선이 상하기 쉬운 여름에 북어를 이용한 요리를 하면 좋다. 이렇게 양념에 재운 북어는 먹을 때마다 구워야 맛있다. 북어 대가리는 버리지 말고 국물 요리의 육수를 낼 때 활용하면 좋다.

4인분

요리 시간 20분

주재료

북어 1마리
식용유 적당량

양념 재료

다진 마늘 1큰술
맛국물 5큰술
맛간장 2큰술
고추장 1큰술
고춧가루 1큰술
초피액젓 1큰술
조청 1큰술
들기름 3큰술

How to

1 북어는 씻어 대가리와 꼬리를 떼고 3등분한다.

2 냄비에 양념 재료인 다진 마늘, 맛국물, 맛간장, 고추장, 고춧가루, 초피액젓, 조청, 들기름을 넣고 바글바글 끓으면 불을 끈다.

3 팬을 달궈 기름을 두르고 북어를 넣어 2분 정도 굽는다.

4 북어에 양념장을 바르고 약한 불로 5분 정도 지진다.

1

2

3

4-1

4-2

북엇국:

명태를 말리면 북어가 되고 얼리면 동태,
구덕구덕 말리면 코다리,
말렸다 얼렸다 하면 색깔이 황색으로 변해
황태, 바다에서 바로 잡은 것을 생태라 하고
북어를 말려서 찢어놓은 것을 북어포라 부른다.
이름에 따라 요리도 다양하게 만들어진다.
북엇국은 콩나물이나 달걀 또는 무를 넣고
시원하고 담백하게 끓이기도 한다.

엄마의 비밀 팁

요즘 시장에 가면 북어채를 팔기도 하니 이것을 찬물에 살짝 불려 이용해도 좋습니다. 냄비에 참기름을 두르고 북어를 30초 정도 볶다가 물을 조금씩 부어가면서 볶아야 국물이 뽀얗게 우러납니다.

4인분

요리 시간 30분

재료

북어 1마리(110g)
무 1/4개(250g)
대파 1대
참기름 2큰술
물 2컵
맛국물 3컵
다진 마늘 1작은술
초피액젓 4큰술

How to

1 북어는 씻어 대가리와 꼬리를 떼고 손으로 적당한 크기로 찢는다.

2 무는 가로, 세로 2cm, 두께 0.5cm 크기로 납작하게 썰고 대파는 어슷하게 썬다.

3 냄비에 참기름을 두르고 북어를 2~3분 정도 볶는데 물이 부족하면 물을 조금씩 부어가며 5분 정도 볶는다.

4 국물이 뽀얗게 우러나면 맛국물과 무를 넣고 10분 정도 끓인다.

5 다진 마늘과 대파를 넣고 초피액젓으로 간한다.

3

엄마의
여름
샐러드
드레싱

오미자청 드레싱과 오디 샐러드:

오미자로 만든 드레싱은 오묘한 오미자의 맛을 즐길 수 있다.
채소와 버섯, 오디에 오미자청 드레싱이라는 흔하지 않은 샐러드다.

4인분

요리 시간 15분

주재료

황금버섯 1/2팩
양파 1/4개
적양파 1/4개
오디 20g
무순 10g

오미자청 드레싱 재료

오미자청 1컵
초피액젓 1큰술
식초 3큰술

대체 식재료

초피액젓 ▶ 소금

3

How to

1 그릇에 오미자청, 초피액젓, 식초를 넣고 골고루 섞어 오미자청 드레싱을 만든다.

2 황금버섯은 밑동을 잘라내고 물에 씻어 체에 밭쳐 물기를 빼고 양파는 얇게 채 썰고 오디와 무순도 물에 씻어 물기를 뺀다.

3 접시에 황금버섯과 양파를 담고 무순과 오디를 얹은 다음 오미자청 드레싱을 뿌리거나 곁들인다.

매실청 드레싱과 샐러드:

매실이 나오면 부지런히 설탕에 재워 시간에 맡겨두면 맛있는 매실청이 만들어진다. 이 드레싱은 매실청의 단맛과 식초의 신맛이 어우러져 여러 가지 채소에 뿌려 먹으면 맛있다.

4인분

요리 시간 5분

주재료

샐러드 채소 100g
연근 100g
래디시 100g

매실청 드레싱 재료

매실청 1컵
초피액젓 1큰술
식초 3큰술

대체 식재료

초피액젓 ▶ 소금

2

How to

1 샐러드 채소는 물에 씻어 물기를 빼고 연근은 살짝 데쳐 얇게 썰고 래디시는 얄팍하게 썬다.

2 매실청에 초피액젓과 식초를 넣고 고루 섞어 샐러드에 곁들인다.

엄마의 비밀 팁

매실청은 요리할 때 설탕 대신 사용하기도 하고 살균력이 강해 배탈이나 장이 좋지 않을 때 마시면 좋습니다. 날씨가 추울 때는 따끈한 물에 타 마시면 피로 회복과 감기 예방에 도움이 됩니다. 여름에는 얼음을 동동 띄워 시원하게 마시면 탄산음료를 대신하는 훌륭한 음료가 됩니다.

엄마의
여름
샐러드
드레싱

홍시 드레싱과 샐러드:

홍시는 가을에 나는 과일인데 가을에 냉동 보관했다가 채소가 많은 여름철에 샐러드 드레싱으로 활용하면 좋다. 간단한 홍시 드레싱은 양상추, 셀러리 등 다양한 채소에 뿌려 먹으면 맛있다. 특히 죽순 샐러드에 잘 어울린다.

엄마의 비밀 팁

홍시는 냉동 보관하면 일 년 내내 먹을 수 있습니다. 홍시를 녹여 주스처럼 먹어도 되고 살짝 얼려 아이스크림처럼 먹어도 맛있습니다. 김치를 담글 때 소스로 사용하기도 합니다.

4인분

요리 시간 15분

주재료

샐러드 채소 150g

홍시 드레싱 재료

홍시 5개
꿀 12큰술
식초 10큰술
소금 1작은술

대체 식재료

꿀 12큰술 ▶ 설탕 6큰술

2

How to

1 샐러드 채소는 물에 씻어 물기를 뺀다.

2 홍시는 껍질을 벗기고 체에 으깨어 그릇에 담고 꿀, 식초, 소금을 넣고 잘 섞어 샐러드와 함께 낸다.

검은콩 청국장가루 드레싱과 샐러드:

몸에 좋은 청국장가루는 노란 콩보다는 검은콩으로 만든 청국장가루가 좋다고 한다. 청국장가루는 그냥 먹거나 된장을 끓일 때 넣으면 좋은데 엄마는 드레싱 재료로 활용한다. 샐러드 채소라면 어느 채소와도 잘 어울리며 건강에도 좋은 특별한 드레싱이다.

8인분

요리 시간 10분

주재료

샐러드 채소 100g
방울토마토 10개(50g)
참외 1/4개
사과 1/4개
자두 1/2개

검은콩 청국장가루 드레싱 재료

검은콩 청국장가루 2큰술
매실청 1컵
물 10큰술
초피액젓 1큰술
깨소금 1큰술
사과 1/4개
양파 1/4개(50g)

1

2

엄마의 비밀 팁

검은콩 청국장가루 드레싱은 모든 채소에 뿌려 먹으면 좋고 토마토나 과일에 뿌려도 맛있습니다. 그런데 이 드레싱에는 사과, 양파, 깨소금을 넣어야 청국장 특유의 냄새를 잡을 수 있습니다.

How to

1 샐러드 채소는 물에 씻어 물기를 빼고 방울토마토는 꼭지를 떼고 참외와 사과, 자두는 껍질을 벗겨 적당한 크기로 썬다.

2 그릇에 검은콩 청국장가루, 매실청, 물, 초피액젓, 깨소금을 넣어 섞고 사과는 껍질을 벗겨 채 썰고 양파는 잘게 다진다.

3 채 썬 사과와 다진 양파를 청국장가루를 푼 물에 넣고 잘 섞어 샐러드에 곁들인다.

밥상이 풍성해지는

가을 요리

가을은 뿌리채소가 많이 나는 계절입니다. 식물의 영양은 봄에는 잎에,

여름에는 줄기에, 가을부터는 뿌리에 모입니다.

그래서 봄에는 잎을, 여름에 줄기를, 가을에 뿌리를 이용한 음식을 많이 먹습니다.

또 포도, 배, 감, 사과 등의 가을 과일에는 단맛이 많이 나는데

여름에 많은 땀을 흘린 몸에 당분을 보충해줍니다. 가을에는 먹거리가 더 풍성하지요.

오곡풍성 먹거리를 갈무리하여 겨우내 먹어야 하니 어느 때보다 부지런히 보내야 할 때이기도 합니다.

지금부터 가을 맛을 보러 갑니다.

늙은 호박을 넣은 배추김치:

가을은 잘 익은 늙은 호박이 제철이다. 호박은 부기를 빼고 회복하는 환자들이 많이 먹기도 한다. 늙은 호박은 섬유질이 풍부할 뿐만 아니라 부드러운 단맛이 있어 김치에 넣으면 별미 김치를 담글 수 있다. 김치가 발효되면서 시원한 맛이 난다.

엄마의 비밀 팁

늙은 호박을 넣은 배추김치는 담가서 바로 먹을 수 있습니다. 흔히 사용하는 설탕을 넣지 않고 담근 배추김치인데 단맛이 부족한 듯싶으면 매실청을 넣어 담그면 됩니다. 또 굴을 넣을 경우, 요즘 판매되는 굴은 잘 손질되어 있으므로 물 1ℓ에 소금 1큰술을 녹인 물에 살살 흔들어 헹구면 됩니다.

20인분

요리 시간 일반배추 9시간
(136쪽 배추 절이기 참조),
절임배추는 1시간

주재료

배추 2포기(배추 1포기=약 3.7kg)

소금물 재료

물 2ℓ
천일염 700g

소 재료

늙은 호박 삶은 것 300g
무 1/2개(600g)
굴 300g
고춧가루 300g(약 3컵)
초피액젓 10큰술
새우젓 150g
갈치속젓 100g
다진 마늘 4큰술(100g)
다진 생강 1큰술(25g)
갓 150g(약 1/8단)
미나리 100g(약 1/4단)
쪽파 100g(약 1/8단)

찹쌀풀 재료

찹쌀 100g(약 1/2컵)
물 3컵

1

5

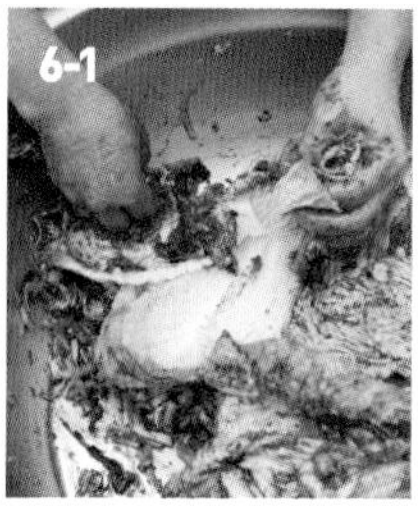

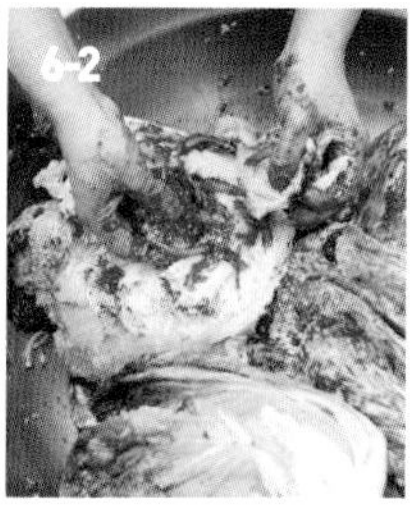

How to

1 배추를 다듬어 밑동을 도려내고 열십자로 칼집을 넣어 소금물에 8시간 정도 절여 씻어 소쿠리에 밭쳐 물기를 뺀다 (136쪽 배추 절이기 참조).

2 늙은 호박은 삶아서 껍질을 벗겨 으깨고 무는 채 썰어 으깬 호박과 버무리고 굴은 물 1ℓ에 소금 1큰술을 녹인 물에 세 번 정도 가볍게 흔들어 씻는다.

3 늙은 호박과 무 섞은 것에 고춧가루, 초피액젓, 새우젓, 갈치속젓, 다진 마늘, 다진 생강을 넣고 골고루 버무린다.

4 찹쌀은 김치를 담그기 3시간 전에 미리 불려서 물 3컵을 붓고 눌어붙지 않게 나무주걱으로 저어가며 중간 불로 20분 정도 끓여 찹쌀풀을 만들어 식힌 다음 갓, 미나리, 쪽파를 적당한 길이로 썰어 넣고 섞는다.

5 ③과 ④를 섞어 김치소를 완성한다.

6 물기를 뺀 절임배추에 소를 적당히 채운다.

엄마 손맛 배추 절이기:

배추는 미리 자르지 말고 먼저 배추심(밑동)이 위로 오게 한 다음 동그랗게 파놓은 구멍에 소금을 1큰술 정도를 얹어놓는 것이 비법인데, 이렇게 절이면 배추 잎이 찢어지거나 떨어져나가지 않는다. 또 두꺼운 배추속대는 잘 절여지지 않는데 얇은 잎만 과하게 절여지는 것을 막아 아삭한 김치를 먹을 수 있다.

재료

배추 2포기, 간수 뺀 천일염 700g, 물 1.5 ℓ

물에 천일염 400g을 넣고 잘 녹인다.

배추심에 속으로 1/3 정도까지 열십자로 칼집을 넣는다.

배추심을 동그랗게 파낸다.

소금물에 배추를 담그고 한 바퀴 굴린다.

배추심이 위로 오게 한 다음 도려낸 구멍에 소금을 1큰술 정도 얹어 4시간 정도 절인다.

배추를 손으로 쫙 가르고 남은 소금을 켜켜이 뿌린다.

2시간쯤 지나 배추를 뒤집는다.

다시 2시간쯤 지나 맑은 물에 흔들어 배추를 씻는다.

1

동치미:

How to

1 큰 그릇에 천일염 1컵을 넣고 껍질째 깨끗이 씻어둔 무를 넣어 소금에 굴린다. 쪽파는 다듬어 씻고 배는 반으로 잘라 속을 파내고 소금에 굴리고 청각은 물에 담갔다가 물을 네다섯 번 갈면서 깨끗이 씻어 준비한다.

2 쪽파는 10대 정도를 한 단으로 묶는데 쪽파 1대나 실을 이용한다.

3 항아리에 무를 절반만 넣고 쪽파를 넣은 다음 남은 무의 절반을 넣는다.

4 배를 얹고 청각, 다진 마늘, 다진 생강을 면주머니에 담아 입구를 묶고 2~3일 정도 담가둔다.

5 물 10ℓ를 끓여 식힌 다음 남은 소금을 녹여 항아리에 붓고 삭힌 고추를 넣는다.

6 대나무 잎을 씻어 위를 덮는다.

50인분
(4인 가족 두 달 치 분량)

요리 시간 3일

재료

동치미 무 24개
(무 1개=약 250~300g)
천일염 1컵
배 2개(큰사이즈)
마른 청각 10g
쪽파 1/2단(300g)
다진 마늘 2큰술
다진 생강 1큰술
물 10ℓ
삭힌 고추 30개(200g)

동치미는 김장철이 시작되기 전에 남자 주먹만한 크기의 단단한 무로 담그는데 10일 정도가 지나면 제맛이 난다. 그래서 동지 팥죽과 떡국을 먹을 때 맛을 돋우게 한다. 국수를 삶아 동치미 국물에 통깨만 한 숟가락 넣어 말아 먹으면 맛있는 동치미 국수를 별미로 즐길 수 있다.
왠지 속이 더부룩할 때에는 살얼음이 동동 뜬 동치미 한 사발을 마시면 뻥 하고 속이 뚫린다. 숙취 해소에도 좋고 속이 더부룩할 때에는 장내 가스 제거에도 효과적이다. 그래서 병원과 약국이 멀었던 옛날에는 천연소화제로 이용되었다.

백김치:

백김치는 이름 그대로 고춧가루를 넣지 않고 하얗게 담근 김치를 말한다.
고춧가루가 빠지다 보니 담백하면서도 시원한 맛이 나 자극적인 맛을 피해야
하는 환자나 매운 것을 싫어하는 어린이나 외국인들의 입맛에 맞는다.
잣이나 밤 등의 재료가 들어가 반찬이 아니라 일품 요리 같은 김치다.

20인분

요리 시간 9시간

주재료

배추 2포기(배추 1포기=약 3.7kg)
미나리 100g(약 1/4단, 줄기만 사용)
쪽파 100g(약 1/8단)
갓 150g(약 1/8단)
대추 50g(큰 것 7개)
배 1개
무 1개(700g)
다진 생강 1큰술
다진 마늘 4큰술
새우젓 1컵
초피액젓 5큰술

소금물 재료

물 1.5ℓ
천일염 600g

찹쌀풀 재료

찹쌀 100g
물 3컵

대체 식재료

초피액젓 ▶ 액젓

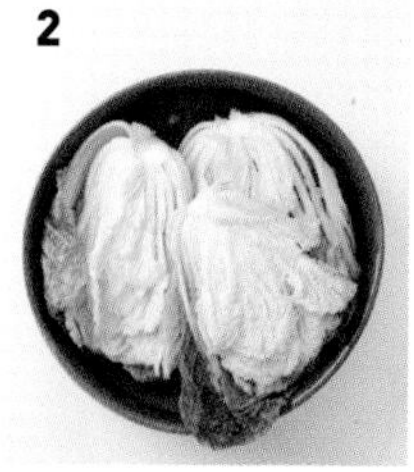

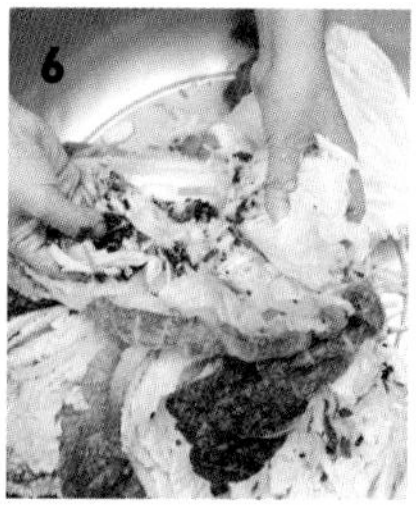

H o w t o

1 배추는 다듬어 밑동을 도려내고 4등분으로 칼집을 넣는데 이때 완전히 자르지 말고 1/3 정도까지만 칼집을 넣는다(136쪽 배추 절이기 참조).

2 물 1.5ℓ에 천일염 600g을 푼 소금물에 배추를 8시간 정도 절여 배추를 씻는다(136쪽 배추 절이기 참조).

3 미나리, 쪽파, 갓은 씻어서 2cm 길이로 썰고 대추는 씨를 빼서 채 썰고 배는 껍질을 벗겨 적당한 길이로 채 썰고 무도 적당한 길이로 채 썰고 다진 생강과 마늘을 준비한다.

4 찹쌀은 김치를 담그기 3시간 전에 물에 불렸다가 물 3컵을 붓고 눌어붙지 않게 나무주걱으로 저어가며 중간 불로 20분 정도 찹쌀풀을 끓인다.

5 큰 그릇에 찹쌀풀을 넣고 미나리, 쪽파, 갓, 대추, 배, 무, 다진 생강, 다진 마늘, 새우젓, 초피액젓을 넣고 버무려 소를 만든다.

6 물기를 뺀 절임배추에 소를 적당히 채운다.

깍두기:

깍두기는 누구나 쉽게 담글 수 있고
어느 계절에나 먹을 수 있는 친숙한 김치다.
일 년 내내 무를 구할 수 있어 제철이 없어
보이지만 가을무가 가장 맛있다.
가을무로 담그는 깍두기는 무를 절이지 않고
담그면 아삭한 맛을 살릴 수 있다.
그러나 무의 맛이 떨어지고 수분이 많은
여름에는 무를 절여 물기를 제거하고 양파나
사과, 배 등의 과일을 갈아 넣어야 맛있다.

엄마의 비밀 팁

깍두기는 담가서 바로 먹을 수 있습니다. 찹쌀풀을 미리 끓여놓고 무를 손질하면 요리 시간을 줄일 수 있습니다. 또 과정 사진에는 재료가 잘 보이도록 무 위에 재료를 얹었지만 양념 재료를 버무린 다음 무를 넣고 가볍게 버무려야 무에 양념이 골고루 배어 쉽게 담글 수 있습니다. 또 수확한 지 오래되지 않은 가을무는 껍질째 사용하지만 저장무는 껍질이 상하거나 흙 등 이물질이 깊게 눌어붙어 있어 껍질을 벗기고 요리합니다.

10인분

요리 시간 20분

주재료

무 1개(1.2kg)
갓 50g(약 1/10단)
쪽파 50g(약 1/10단)

찹쌀풀 재료

맛국물 1컵
찹쌀가루 4큰술

양념 재료

고춧가루 3큰술
다진 마늘 1큰술
다진 생강 1작은술
새우젓 2큰술
매실청 3큰술

대체 식재료

매실청 ▶ 배, 설탕

How to

1 무는 껍질을 벗기고 씻어 가로, 세로 1.5cm 크기의 깍두기 모양으로 썬다.

2 갓과 쪽파는 씻어 0.5cm 길이로 짤막하게 썬다.

3 맛국물 1컵에 찹쌀가루 4큰술을 넣고 끓여 찹쌀풀을 만든다.

4 큰 그릇에 찹쌀풀을 담고 갓, 쪽파, 고춧가루, 다진 마늘, 다진 생강, 새우젓, 매실청을 넣고 잘 섞은 다음 무를 넣고 버무린다.

4

나박 물김치:

나박 물김치는 사계절 모두 먹을 수 있다. 시원한 나박 물김치를 다른 음식과 함께 먹으면 음식 맛이 훨씬 좋아진다. 무가 맛있는 계절에는 무만 쓰고 무가 맛이 없는 계절에는 배추를 넣어 담근다. 무에서 단물이 나는 가을에는 무만 넣어도 좋다. 고명으로 미나리, 쪽파, 돗나물 등을 넣으면 더욱 맛있다.

엄마의 비밀 팁

나박 물김치는 봄, 가을에는 실온에 이틀 정도 두었다가 냉장 보관하면 오랫동안 먹을 수 있습니다. 먹기 직전에 잣을 띄우면 더 맛있습니다. 나박 물김치에 밀가루풀을 넣는 것은 감칠맛을 살리고 김치의 발효도 돕기 때문입니다.

10인분

요리 시간 40분

주재료

무청이 있는 작은 무 1/2개(600g)
실파 6~7대
다진 마늘 1큰술
다진 생강 1작은술
고춧가루 1큰술
초피액젓 5큰술
매실청 3큰술
소금 1큰술

밀가루풀 재료

물 1ℓ
밀가루 1큰술

대체 식재료

초피액젓 ▶ 소금

3

5

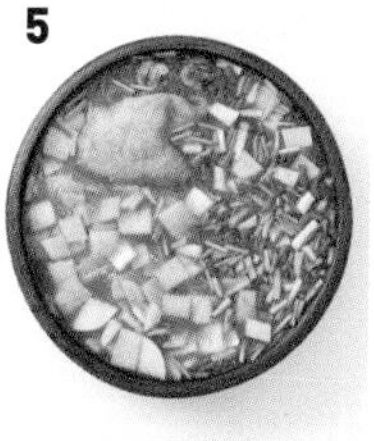

How to

1 물 1ℓ에 밀가루 1큰술을 넣고 눌어붙지 않게 나무주걱으로 저어가며 중간 불로 10분 정도 끓여 밀가루풀을 만든다.

2 어린 무를 무청과 함께 잘 다듬어 씻어 무청은 1.5~2cm 길이로 썰고 무는 가로, 세로 1.5~2cm, 두께 0.5cm 크기로 썰고 실파는 다듬어 씻어 1cm 길이로 짤막하게 썰어 큰 그릇에 담는다.

3 밀가루풀에 무, 무청, 실파를 넣고 다진 마늘과 다진 생강은 면주머니에 담아 입구를 묶어서 넣는다.

4 고춧가루는 체에 넣고 국물에 담가 색을 낸다.

5 고춧가루물에 초피액젓, 매실청, 소금을 넣고 잘 저은 다음 무를 넣고 다시 한 번 젓는다.

고들빼기김치:

고들빼기는 재래시장에서 쉽게 구입할 수 있는데 삭힌 고들빼기를 사용했다.
삭힌 고들빼기는 짠맛이 강하고 질기기 때문에 한번 삶아 써야 짠맛도 빠지고 부드러워진다.
고들빼기에는 섬유질이 풍부하기 때문에 나물이 귀한 겨울철에 나물 대용으로 먹으면 몸에 좋다.
또 비타민이 풍부하여 피부 미용에 좋으며 당뇨에도 효능이 있는 약초로 알려져 있다.

엄마의 비밀 팁

고들빼기는 물이 1ℓ일 경우 소금 400g을 풀어 소금을 녹인 다음 고들빼기를 넣고 무거운 돌 등으로 눌러 보름 동안 삭히면 됩니다.

20인분

요리 시간 40분

주재료

삭힌 고들빼기 1단(1600g)

찹쌀풀 재료

맛국물 2컵
찹쌀가루 5큰술

양념 재료

고춧가루 2컵(200g)
다진 마늘 2큰술
다진 생강 1큰술
깨소금 3큰술
쪽파 100g(약 1/8단)
매실청 1/4컵
초피액젓 3/4컵

대체 식재료

초피액젓 ▶ 집간장, 새우젓

2-1

2-2

How to

1 삭힌 고들빼기는 깨끗이 씻은 다음 물 3ℓ를 붓고 끓기 시작하면 20분 정도 삶은 다음 한입 크기로 잘라 소쿠리에 담아 물기를 뺀다.

2 맛국물과 찹쌀가루를 끓여 식힌 다음 고춧가루, 다진 마늘, 다진 생강, 깨소금, 쪽파, 매실청, 초피액젓을 섞어 고들빼기를 넣고 버무린다.

무 파래무침:

가을부터 초겨울까지 맛있게 먹을 수 있는 무에 파래를 넣어 무치면 시원하고 새콤달콤한 맛에 누구나 좋아하는 반찬을 손쉽게 만들 수 있다. 파래는 다른 해조류와 마찬가지로 요오드가 풍부한데 요오드는 혈액순환을 원활하게 하고 세포의 신진대사를 돕는다. 파래는 검은빛이 돌고 광택이 나는 것으로 고른다.

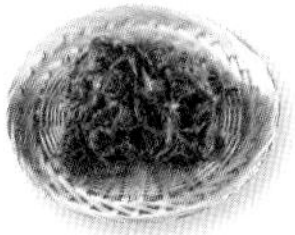

4인분

요리 시간 20분

주재료

무 1/10개(100g)
파래 100g(약 1덩이)
홍고추 1개

양념 재료

초피액젓 2큰술
매실청 1큰술
식초 2큰술
깨소금 1큰술

대체 식재료

초피액젓 ▶ 소금, 집간장

엄마의 비밀 팁

쪽파를 5대 정도 잘게 다져 넣어도 맛있고 매콤한 청양고추를 넣어도 맛있습니다. 파래는 물김치나 파래김치 또는 전을 부쳐 먹을 수도 있습니다.

How to

1 무는 채 썰고 파래는 깨끗한 물에 조물조물 씻어 물기를 빼고 홍고추와 쪽파는 잘게 다진다.

2 초피액젓, 매실청, 식초, 깨소금을 섞은 다음 무채, 파래, 홍고추를 넣고 조물조물 버무린다.

2

자색 고구마 물김치:

영양가는 높지만 자색 고구마로 할 수 있는 요리가 별로 없기 때문에 선뜻 구입하기가 망설여진다. 하지만 자색 고구마로 물김치를 담그면 색이 연한 보랏빛으로 물들어 고춧가루를 쓰지 않아도 된다. 위가 안 좋은 사람이나 매운 음식을 잘 못 먹는 아이들에게도 좋은 음식이다.

20인분

요리 시간 30분

주재료

자색 고구마 1개(300g)
무 1/2개(600g)
실파 100g(약 1/8단)
홍고추 2개
배 1개
다진 마늘 1큰술
다진 생강 1작은술

밀가루풀 재료

물 2ℓ
소금 2큰술
밀가루 2큰술

How to

1 자색 고구마와 무는 껍질을 벗겨 물에 씻고 실파는 다듬어 씻고 홍고추도 물에 씻는다. 고구마와 무는 가로, 세로 2cm, 두께 0.5cm 크기로 썰고 실파는 2cm 길이로 썰고 홍고추는 길이로 반 가른 다음 씨를 빼서 어슷하게 곱게 채 썬다.

2 물 2ℓ에 소금과 밀가루를 넣고 밀가루를 풀어 끓여 식힌다.

3 배는 강판에 갈아 다진 마늘과 다진 생강과 함께 면주머니에 담는다.

4 밀가루풀에 준비한 재료를 모두 넣어 버무린다.

1
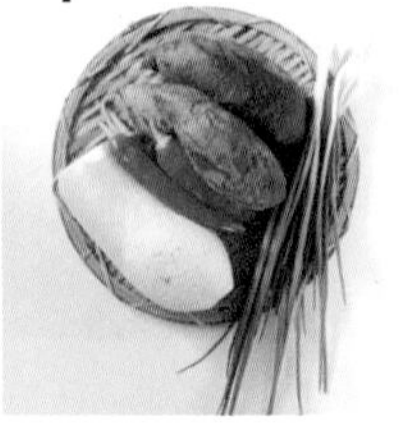

2

4

10인분

요리 시간 30분

주재료

우엉 4대(420g)
쪽파 6~7대

양념 재료

맛국물 180㎖
찹쌀가루 4큰술
고춧가루 2큰술
초피액젓 2큰술
새우젓 1큰술
매실청 3큰술
다진 마늘 1큰술
다진 생강 1작은술
통깨 1큰술

대체 식재료

초피액젓 ▶ 집간장

우엉 김치:

우엉은 섬유질이 풍부하고 성인병의 원인이 되는 콜레스테롤 수치를 낮추며 장속의 노폐물을 제거하는 역할을 한다. 식재료보다는 약재로 오랫동안 사랑받아온 우엉은 흔히 조려서 김밥에 넣거나 반찬으로 먹는데 가을에 나오는 우엉을 김치로 담그면 두고두고 맛있게 먹을 수 있다. 또 된장찌개에 넣어도 별미다.

엄마의 비밀 팁

우엉의 껍질은 칼등으로 벗기면 쉽게 벗길 수 있습니다. 찹쌀풀은 찹쌀을 1되 정도 준비하여 4시간 정도 물에 불려 쓰면 됩니다. 방앗간에서 불린 찹쌀을 구입해 조금씩 나눠 냉동 보관해서 사용하면 좋습니다.

1-1

1-2

3

How to

1 우엉은 껍질을 벗기고 깨끗이 씻어 3cm 길이로 자르고 큰 것은 4등분, 작은 것은 2등분한다. 손질한 우엉은 살짝 데쳐 찬물에 헹군다.

2 냄비에 맛국물과 찹쌀가루를 넣고 눌어붙지 않게 나무주걱으로 저어가며 찹쌀풀을 쑨다.

3 큰 그릇에 찹쌀풀을 넣고 고춧가루, 초피액젓, 새우젓, 매실청, 다진 마늘, 다진 생강, 통깨, 송송 썬 쪽파를 넣고 골고루 섞은 다음 손질한 우엉을 넣고 골고루 버무린다.

우엉 생채:

새콤달콤한 우엉 생채는 고춧가루를 쓰지 않아 모양도 깔끔하고 맛도 좋다. 양식과 한식에 모두 어울리는 요리로 양식에 쓸 때는 전채 요리로 내면 좋다.

엄마의 비밀 팁

우엉 생채는 집에 손님이 오셨을 때 상큼하게 입맛이 돌도록 내기 좋습니다. 식초와 매실이 들어가 만들어 일주일을 두고 먹어도 쉽게 변질되지 않습니다.

How to

1 우엉은 칼등으로 껍질을 벗기고 3~4cm 길이로 곱게 채 썬다.

2 배와 사과는 다지고 풋고추와 홍고추는 반으로 갈라 씨를 빼서 곱게 다져 큰 그릇에 우엉과 함께 담고 초피액젓, 매실청, 식초를 넣어 골고루 버무린다.

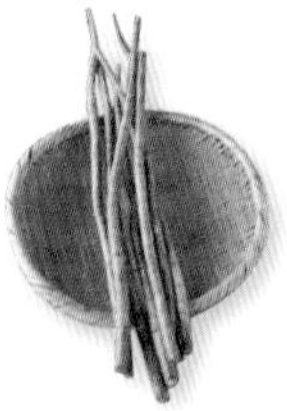

4인분

요리 시간 20분

주재료

우엉 2대(250g)
배 1/8개(25g)
사과 1/8개
홍고추 1/2개
풋고추 1/2개

양념 재료

초피액젓 1큰술
매실청 3큰술
식초 2큰술

대체 식재료

초피액젓 ▶ 집간장, 소금

1

2

우엉 들깨찜:

우엉을 조리할 때 들깨가루와 들기름을 쓰면 우엉이 부드러워지며 우엉과 들깨의 향이 어우러져 맛이 좋다. 우엉 들깨찜은 밥반찬으로 먹기 좋다.

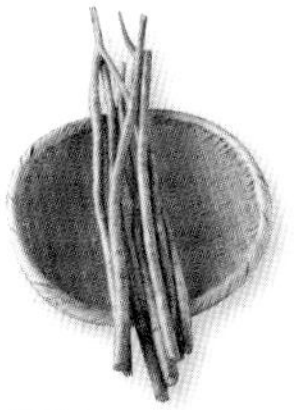

4인분

요리 시간 30분

재료

우엉 2대(250g)
들기름 2큰술
맛국물 1컵
초피액젓 2큰술
들깨가루 2큰술
찹쌀가루 2큰술

대체 식재료

초피액젓 ▶ 집간장

엄마의 비밀 팁

우엉은 섬유질이 많아 다이어트에 좋은 식품으로 알려져 있습니다. 손질한 우엉을 판매하기도 하며 채 썬 우엉으로 만들어도 부드러워 먹기 좋습니다.

How to

1
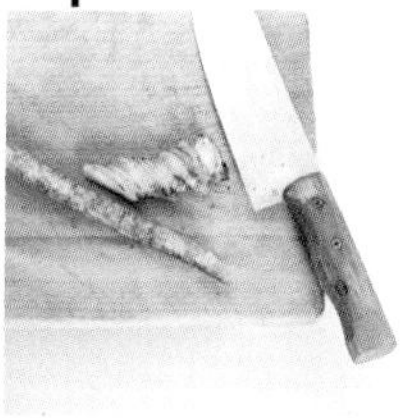

3

1 우엉은 칼등으로 껍질을 벗기고 일정한 두께로 어슷하게 썬다.

2 냄비에 우엉을 넣고 들기름을 두르고 볶다가 맛국물을 넣는다.

3 국물이 끓기 시작하면 초피액젓을 넣고 들깨가루와 찹쌀가루를 넣고 살짝 더 볶아 국물이 줄면 불을 끈다.

우엉 장아찌:

우엉 장아찌라니 짤 것 같지만 이 요리는 짜지 않으며 우엉의 향과 아삭한 맛을 살린 건강식이다. 피클처럼 만들어 바로 먹을 수 있다.

엄마의 비밀 팁

우엉의 껍질을 벗겨두면 갈변이 되는데 식촛물에 담그면 갈변을 막을 수 있습니다. 그러나 그때그때 바로 손질하여 조리하는 것이 영양적으로 더 좋습니다.

10인분

요리 시간 30분

재료

우엉 2대(250g)
청양고추 8개
물 1컵
집간장 1/2컵
매실청 1컵
식초 2큰술

1

4

How to

1 우엉은 칼등으로 껍질을 벗겨 3cm 길이로 잘라 반으로 가르는데 굵은 우엉은 4등분한다.

2 장아찌 용기에 우엉과 청양고추를 넣는다.

3 냄비에 물 1컵과 집간장을 넣고 끓여 충분히 식힌다.

4 매실청과 식초를 섞어 용기에 붓는다.

우엉 조림:

우엉조림은 밥반찬으로도 좋고 김밥에 넣어도 좋은데 우엉을 길게 채 써느냐, 짧게 채 써느냐의 차이가 있다. 우엉을 조리다 보면 우엉의 녹말 성분으로 잘 타는데 우엉이 익은 다음 재료를 넣어 간을 맞추고 조리는 게 요령이다. 또 요리하기 전에 우엉을 식촛물에 10분 정도 담갔다 조리면 녹말이 빠져 잘 타지 않는다.

4인분

요리 시간 20분

재료

우엉 2대(250g)
들기름 2큰술
맛국물 1/2컵
초피액젓 1큰술
조청 1큰술
통깨 1작은술

대체 식재료

초피액젓 ▶ 진간장, 집간장
조청 ▶ 물엿, 설탕

1

4

How to

1 우엉은 칼등으로 껍질을 벗기고 어슷하게 썰어 들기름을 두르고 볶는다.

2 맛국물을 넣고 중간 불로 5분 정도 익힌다.

3 초피액젓과 조청을 넣는다.

4 양념 국물이 바닥에 조금 남았을 때 불을 끄고 통깨를 뿌린다.

버섯 우엉 들깨탕:

가을에 맛이 좋은 우엉에 버섯과 들깨가루를 넣어 끓인 탕은 추어탕 못지않은 가을 보양식이다. 우엉의 아삭한 맛과 여러 가지 버섯의 향이 식욕을 돋운다. 요즘에는 표고버섯이나 느타리버섯, 팽이버섯 외에 황금버섯, 만가닥버섯, 백만송이버섯 등 식용 버섯의 종류도 다양하다.

엄마의 비밀 팁

표고버섯은 얇게 저며야 맛있고 양송이버섯이나 다른 버섯을 넣어도 됩니다.

4인분

요리 시간 30분

재료

우엉 250g(1대)
표고버섯 4개(90g)
느타리버섯 180g
팽이버섯 1봉
새송이버섯 2개
대파 1대
홍고추 1개
들기름 2큰술
맛국물 3컵
초피액젓 4큰술
들깨가루 3큰술
다진 마늘 1큰술

2

4-1

4-2

How to

1 우엉은 칼등으로 껍질을 벗겨 어슷하게 썰고 버섯은 물에 씻어 적당한 크기로 썰거나 손으로 찢고 대파와 홍고추는 어슷하게 썬다.

2 달군 팬에 들기름을 두르고 우엉을 넣어 5분 정도 볶는다.

3 달군 팬에 들기름을 두르고 표고버섯을 넣어 2분 정도 볶는다.

4 우엉과 표고버섯을 섞고 대파를 제외한 나머지 재료를 모두 넣고 중간 불로 10분 정도 끓이다가 대파를 넣고 한소끔 끓인다.

수삼채:

수삼채라 하면 생소하게 느껴지지만 인삼의 쌉싸래한 맛과 오이의 상쾌하게 시원한 맛이 어우러지고 더덕 효소가 더해져 향도 좋고 맛도 좋다. 갑자기 손님이 찾아왔을 때나 술상에 올리면 좋다. 인삼은 열을 나게 하므로 몸이 찬 사람이 먹으면 좋다.

4인분

요리 시간 20분

재료

수삼 3뿌리(200g)
대추 3개
오이 1/2개
더덕 효소 2큰술
초피액젓 1큰술

대체 식재료

더덕 효소 ▶ 유자청, 매실청
초피액젓 ▶ 소금, 집간장

엄마의 비밀 팁

수삼과 대추는 일정한 두께로 곱게 채 썰어야 더덕 효소가 골고루 배어 맛있고 씹는 맛도 좋습니다. 더덕 효소는 가을에 더덕이 많이 날 때 설탕과 1:1의 비율로 섞어 만듭니다. 15일마다 잘 저어 설탕을 녹이고 100일 정도 지나면 더덕을 건져내고 더덕청만 따로 서늘한 곳에 상온 보관합니다. 더덕 효소가 없으면 유자청이나 매실청을 쓰면 됩니다.

How to

1

2

1 수삼은 채 썰고 대추는 씨를 빼서 채 썰고 오이는 껍질만 돌려깎아 채 썬다.

2 그릇에 먹음직스럽게 재료를 담고 더덕 효소와 초피액젓을 끼얹거나 볼에 버무려 상에 낸다.

인삼 튀김:

인삼 산지로 유명한 금산뿐 아니라 많은 관광지에 가면 인삼튀김을 파는 가게가 자주 눈에 띈다. 튀긴 인삼은 다른 인삼 요리와 달리 쓴맛이 적고 단맛이 증가하며 특유의 인삼향까지 즐길 수 있는 별미 중에 별미다.

엄마의 비밀 팁

튀김옷을 몇 방울 떨어뜨려 튀겨지는 소리가 나면 적당한 튀김 온도입니다. 튀김옷을 만들 때 물 대신 맥주나 얼음물을 넣으면 한층 더 바삭거립니다. 또 인삼에 녹말가루를 묻혀 튀김옷을 입히면 물과 기름이 만나 튀는 것을 막아줍니다.

4인분

요리 시간 20분

재료

인삼(중간 것) 8뿌리(200g)
녹말가루 2큰술
물 180㎖
튀김가루 220g
튀김기름 900㎖

How to

1 인삼은 깨끗이 손질하고 씻어서 물기 있는 상태에서 녹말가루를 골고루 묻힌다.

2 물과 튀김가루를 섞어 녹말가루를 묻힌 인삼에 튀김옷을 입힌다.

3 튀김기름에 인삼을 튀긴다.

2

3

연근 조림:

연근은 몸의 독소를 빼고 혈압을 조절하며 변비를 예방한다고 알려져 있다. 그러나 생으로 요리하기가 쉽지 않고 아이들도 크게 선호하는 식재료가 아니다. 예전에는 연근만 삶아 팔기도 하여 어린 시절 많이 먹었던 기억이 난다. 몸에 좋은 연근을 조리면 아이들도 잘 먹는다.

4인분

요리 시간 30분

주재료

연근 250g

조림장 재료

물 3컵
맛간장 60㎖
조청 2큰술
통깨 약간

대체 식재료

맛간장 ▶ 진간장
조청 ▶ 물엿, 올리고당

엄마의 비밀 팁

연근을 조릴 때 미리 간을 하면 연근이 잘 익지 않습니다. 연근이 다 익을 때쯤 간을 하는 것이 좋습니다.

How to

1 연근은 껍질을 벗기고 얇게 썰어서 뜨거운 물에 5분간 데쳐 찬물에 헹군다.

2 냄비에 연근, 물, 맛간장, 조청을 넣고 바글바글 끓기 시작하면 약한 불로 줄이고 1시간 정도 조린다.

1

연근 들깨찜:

우엉 들깨찜처럼 연근을 들깨가루에 찌면 색다른 맛을 즐길 수 있다. 연근은 녹말기가 있어 물에 데쳐 찬물에 한번 헹궈 조리해야 하는데, 그래야 연근 특유의 아삭한 맛이 살아난다.

4인분

요리 시간 30분

재료

껍질 벗긴 연근 300g
물 3컵
맛국물 2컵
들기름 1큰술
초피액젓 1큰술
들깨가루 3큰술
찹쌀가루 2큰술

엄마의 비밀 팁

연근을 한번 데쳤기 때문에 오래 졸이지 않아도 됩니다. 고명으로 홍고추나 검은깨를 올리면 더 먹음직스럽습니다.

How to

1 손질한 연근은 얇게 썬다.

2 냄비에 물 3컵을 붓고 끓여 연근을 넣어 살짝 데친다.

3 연근 데친 물에 맛국물, 들기름, 초피액젓을 넣고 저어가며 졸인다.

4 들깨가루와 찹쌀가루를 넣고 찐다.

1

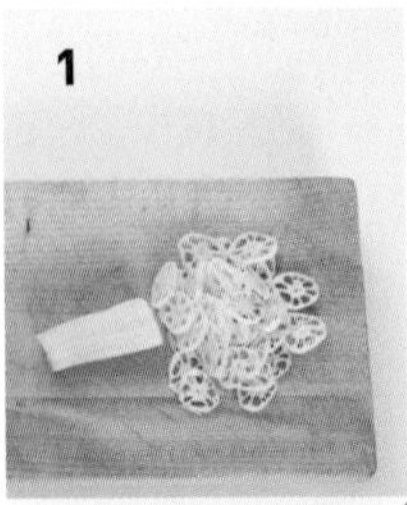

2

4

연근 장아찌:

연근은 다양한 요리로 만들 수 있다. 연근 장아찌는 다른 장아찌들과 달리 특별히 아삭아삭하게 씹히는 식감이 있고 담그자마자 먹기 시작해 한 달 정도까지 두고 먹을 수 있다.

10인분

요리 시간 30분

재료

껍질 벗긴 연근 500g
마른 고추 1개
물 1컵
집간장 1/2컵
식초 2큰술
매실청 1컵

엄마의 비밀 팁

연근을 장아찌로 담글 때는 끓는 물에 살짝 데칩니다. 섬유질이 많아 질겨서 먹기 어렵습니다. 또 집간장으로 담그면 연근의 색감을 살릴 수 있습니다.

How to

1 연근은 얇게 썰어 살짝 데친다.

2 마른 고추는 씨를 빼서 얇게 채 썬다.

3 냄비에 물 1컵과 집간장, 식초를 넣고 끓여 완전히 식힌다.

4 장아찌 용기에 연근과 집간장 달인 물을 넣고 매실청을 넣은 다음 마른 고추를 고명으로 얹는다.

1

연근전:

심장을 보호하고 혈액순환을 돕는 건강 식재료인 연근은 '물속에서 나는 불로초'라 불린다. 연은 잎, 줄기, 뿌리 어느 하나 버릴 것이 없다. 잎으로는 연밥을 지어 먹고 줄기는 장아찌를 만들며 뿌리인 연근으로는 전, 튀김 등 다양한 요리를 만들 수 있다. 특히 연근전은 어린이 간식으로 좋다.

4인분

요리 시간 30분

재료

연근 300g
셀러리 줄기 150g
밀가루 3/4컵(80g)
소금 1/2작은술
식용유 적당량

How to

1 연근은 껍질을 벗겨 강판에 갈고 셀러리 줄기는 칼로 다져서 큰 그릇에 담고 밀가루와 소금을 넣고 고루 섞는다.

2 팬을 달궈 기름을 두르고 반죽을 적당량씩 떠서 동그랗게 앞뒤로 노릇하게 지진다.

당근전:

당근이 몸에 좋은 것은 누구나 알지만 요리에 활용하기가 쉽지 않다. 기껏해야 요리의 고명으로 쓰는 경우가 많은데 당근을 갈아 전을 부치면 당근을 많이 섭취할 수 있으며 당근에 풍부한 비타민 A는 기름으로 익히면 체내 흡수율이 높아진다.

4인분

요리 시간 20분

재료

당근(큰 것) 1개(약 250g)
밀가루 3/4컵(80g)
소금 약간
식용유 적당량

엄마의 비밀 팁

손쉽게 하기 위해 믹서에 갈기도 하는데 강판에 가는 것이 훨씬 맛있습니다.

1

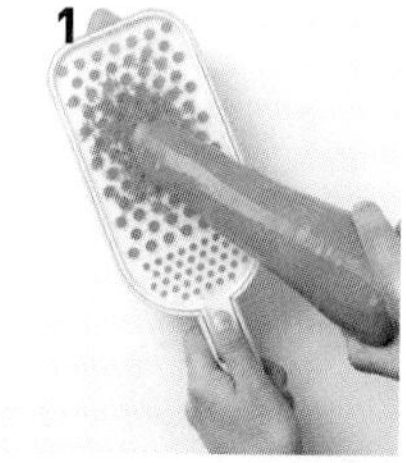

2

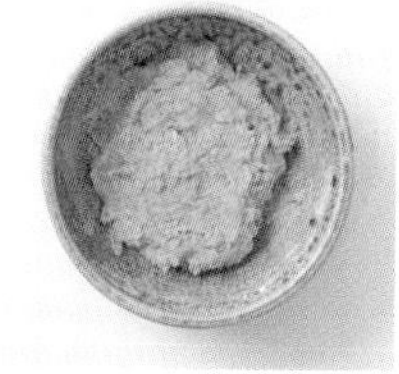

How to

1 당근은 껍질을 벗겨 강판에 간다.

2 간 당근에 밀가루와 소금을 넣고 반죽하여 팬을 달궈 기름을 두르고 반죽을 한 숟가락씩 떠서 노릇하게 지진다.

마전:

마는 신라시대 향가인 '서동요'에도 나올 만큼 오랜 세월 우리나라의 먹거리다.
마의 효능은 누구나 알고 있을 만큼 건강식품이지만 요리법이 어중간하여 먹을 기회가 많지 않다.
특유의 끈적이는 성분을 함유한 마를 전으로 먹으면 고소한 맛으로 누구나 즐길 수 있다.

엄마의 비밀 팁

전도 맛있지만 마를 생으로 갈아서 참기름과 김가루를 섞어 먹으면 좋습니다. 또 식사하기 전에 마를 갈아먹으면 위를 보호한다고 합니다.

How to

1 마는 껍질을 벗기고 강판에 갈아 부침가루를 섞는다.

2 팬을 달궈 기름을 두르고 반죽을 떠 넣고 노릇하게 지진다.

4인분

요리 시간 25분

재료

마 440g(장마, 약 1/2개)
부침가루 5큰술
식용유 적당량

자색 고구마전:

자색 고구마는 어떤 특별한 맛이 없기 때문에 무가 맛있는 가을에는 무를 갈아 넣고, 때로는 호박 고구마를 갈아 넣어 전을 부쳐도 색도 맛도 좋다.

엄마의 비밀 팁

자색고구마는 단맛이 적기 때문에 전을 부칠 때 호박고구마와 함께 갈아서 부치면 맛있습니다.

4인분

요리 시간 25분

재료

자색 고구마 1개(230g)
무 1/10개(100g)
부침가루 10큰술
식용유 적당량

1

How to

1 자색 고구마와 무는 껍질을 벗기고 믹서에 갈아 큰 그릇에 담고 부침가루를 넣어 골고루 섞는다.

2 팬을 달궈 기름을 두르고 반죽을 떠 넣고 노릇하게 지진다.

더덕전:

더덕 요리 하면 구이를 많이 생각하지만 더덕은 부치거나 튀겨 먹어도 맛있다.
더덕으로 전을 하면 단맛이 배가되어 부담 없이 즐길 수 있다.

엄마의 비밀 팁

더덕은 너무 곱거나 죽이 되지 않을 정도로 갈아야 합니다. 더덕전 위에 씨를 뺀 대추를 고명으로 얹으면 훨씬 먹음직스럽습니다.

3인분

요리 시간 30분

재료

더덕 250g(약 7뿌리)
찹쌀가루 10큰술
달걀흰자 1개
소금 약간
식용유 적당량

How

1 더덕은 껍질을 벗기고 적당한 크기로 잘라 믹서에 간다.

2 큰 그릇에 간 더덕, 찹쌀가루, 달걀흰자, 소금을 넣고 손으로 반죽하여 한 숟가락씩 떠서 동글동글하게 빚어 팬을 달궈 기름을 두르고 지진다.

1

도토리 묵밥:

도토리로 만드는 묵은 만드는 과정이 복잡하고 어렵다.
요즘은 시장이나 마트에서 도토리가루를 팔기 때문에 가정에서도 손쉽게 묵을 만들 수 있다.
바쁘다면 마트나 재래시장에서 도토리묵을 사다 쓰는 게 편리하다.
묵밥으로 만들어 먹으면 든든한 야참이 되고 채소를 곁들여 무쳐 먹어도 맛있다.

엄마의 비밀 팁

도토리를 말려 껍질을 벗긴 다음 방앗간으로 가져가면 곱게 가루로 빻아줍니다. 가루를 자루에 넣어 맑은 물에 흔들어 씻으면 검은 물이 나오는데 이 과정을 두어 번 반복하여 물을 버리고 자루에 물을 넣어 손으로 주무르면 거무튀튀한 앙금 같은 게 나옵니다. 이 과정을 앙금이 나오지 않을 때까지 대여섯 번 정도 반복하여 앙금물을 한곳에 모읍니다. 자루 속 찌꺼기는 버리고 모아놓은 물을 12시간 정도 놔두어 앙금이 가라앉고 맑은 물이 생기면 맑은 물은 버립니다. 앙금을 주걱으로 저어가며 끓이다가 뻑뻑해지면 불을 끕니다

4인분

요리 시간 30분

주재료

도토리묵 1팩(800g)
달걀 2개
익은 김치 1/4포기(400g)
쪽파 2대
김 2장
맛국물 4컵

양념장 재료

쪽파 13~14대
맛간장 4큰술
집간장 2큰술
깨소금 1큰술
참기름 1큰술
고춧가루2큰술

1

2

3

4

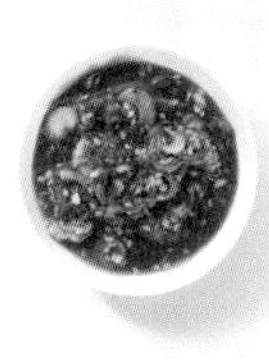

How to

1 도토리묵은 깨끗하게 씻는다.

2 도토리묵을 곱게 썰어 그릇에 담는다.

3 달걀은 노른자와 흰자를 나눠 팬에 각각 부쳐 곱게 채 썰고 김치는 송송 썰어 국물을 꼭 짜고 쪽파는 송송 썰고 김은 잘게 썰고 맛국물은 냄비에 끓인다.

4 양념장에 넣을 쪽파는 송송 썰어 맛간장, 집간장, 깨소금, 참기름, 고춧가루를 넣어 버무린다.

5 묵 그릇에 달걀, 김치, 김, 쪽파를 얹고 맛국물을 부은 다음 양념장을 곁들인다.

추어탕:

추어탕은 지방마다 끓이는 방식이 다양하여 서울에서는 미꾸라지를 통째로 넣어 끓이고 전라도에서는 미꾸라지를 삶아 간 다음 갖은 양념을 해서 걸쭉하게 끓여 먹는다. 엄마는 배추를 넣은 경상도식 추어탕을 끓였다. 경상도에서는 추어탕에 배추나 부추 등을 넣고 끓여 개운한 맛이 나며 방아 잎을 넣는 것이 특징이다.

엄마의 비밀 팁

옛날 할머니께서 초피는 비린 맛도 잡아주지만 어독을 제거하는 데 도움이 되므로 미꾸라지를 통째 넣는 추어탕에는 초피를 넣는 게 좋다고 말씀하셨습니다. 초피가루는 초피 열매의 씨를 빼고 열매 껍질만 믹서에 곱게 갈아 만듭니다. 풋배추가 나는 계절에는 추어탕에 배추 대신 풋배추를 넣으면 더 맛있습니다.

1-1

1-2

3-1

3-2

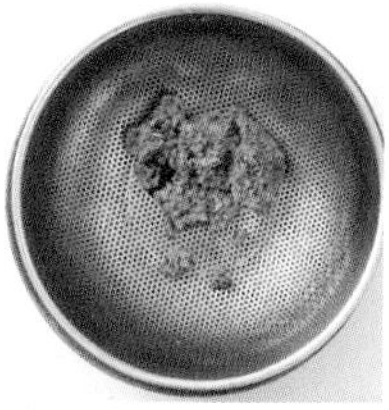

4

10인분

요리 시간 40분

주재료

미꾸라지 500g
소금 1움큼
호박잎(큰 것) 1장
숙주 1봉(270g)
배추 1단(200~250g)
부추(작은 것) 1/2단(300g)
대파 1대
물 1ℓ
다진 마늘 2큰술
초피액젓 1/4컵
홍고추 1개
청양고추 1개
초피가루 적당량

미꾸라지 삶는 물 재료

물 2ℓ
생강 1톨
된장 1큰술

대체 식재료

초피액젓 ▶ 집간장
초피가루 ▶ 방아 잎

How to

1 미꾸라지는 소금을 1움큼 넣어 호박잎의 뒷부분으로 2분 정도 주무르며 씻기를 서너 번 반복한다. 압력솥에 미꾸라지를 넣고 물 2ℓ를 부은 다음 생강과 된장을 넣고 추가 돌기 시작하면 약한 불로 줄여 10분 정도 삶는다.

2 숙주와 배추는 끓는 물에 살짝 데치고 부추는 다듬어 씻어 적당한 길이로 자르고 대파는 어슷하게 썬다.

3 푹 삶은 미꾸라지를 소쿠리에 넣고 치대어 뼈를 분리하고 다시 물 1ℓ를 부어가며 깨끗하게 살을 발라낸다.

4 걸러낸 살과 물이 끓기 시작하면 숙주, 배추, 대파, 부추, 다진 마늘, 초피액젓을 넣고 15분 정도 끓인다.

5 홍고추와 청양고추를 곱게 다져 초피가루와 함께 넣어 먹는다.

마 삼겹살 구이:

4인분

요리 시간 20분

재료

돼지고기 삼겹살 300g
마 200g(장마, 약 1/4개)
마늘 6쪽
소금 약간
후춧가루 약간

How to

1 팬을 달궈 돼지고기를 넣고 중간 불로 굽다가 다 익을 즈음 마늘을 편으로 두툼하게 썰어 같이 구워 소금을 약간 뿌린다.

2 마는 껍질을 벗겨 0.5cm 두께로 썰어 마늘과 삼겹살이 익을 즈음 넣고 익혀 후춧가루를 뿌린다.

2

늙은 호박 범벅:

4인분

요리 시간 40분

재료

껍질 벗긴 늙은 호박 800g
말린 강낭콩 30g(약 1/4컵)
물 4컵
찹쌀가루 2컵
소금 1작은술

How to

1

1 늙은 호박은 가로, 세로 5~6cm 크기로 잘라 압력솥에 넣고 말린 강낭콩과 물 4컵을 넣어 끓인다.

2 압력솥의 추가 돌기 시작하면 불의 세기를 중간 불로 줄이고 10분 정도 더 익혀 불을 끈다.

3 15분 정도 후에 뚜껑을 열고 찹쌀가루를 얹어 다시 중간 불로 10분 정도 익힌다.

4 먹기 직전에 소금으로 간한다.

늙은 호박은 부종을 제거하는 효능이 있어 산후조리나 신장이 좋지 않은 사람들이 중탕해서 많이 먹는다. 늙은 호박으로 할 수 있는 요리로는 호박죽, 호박국 등이 있고 김장을 담글 때도 사용한다. 늙은 호박은 겉면 전체가 노랗지 않고 푸른빛을 띠는 호박도 있다. 늙은 호박전의 비결은 반죽에 물을 넣지 않고 호박의 수분만으로 바삭하게 부치는 것이다.

엄마의 비밀 팁

호박 속은 숟가락보다는 납작한 채칼로 긁는 게 쉽습니다. 또 호박전은 부치면서 촉촉해지므로 반죽할 때 물을 넣지 말아야 하고 튀김가루, 찹쌀가루, 밀가루를 섞어 반죽하므로 따로 소금을 넣지 않아도 간이 맞습니다. 찹쌀가루는 찹쌀을 불려 방앗간에서 빻는데 변질을 막기 위해 소금을 넣고 빻습니다.

4인분

요리 시간 20분

재료

채 썬 늙은 호박 300g (중간 것, 약 1/8개)
찹쌀가루 10큰술
튀김가루 10큰술
밀가루 2큰술
식용유 적당량

1

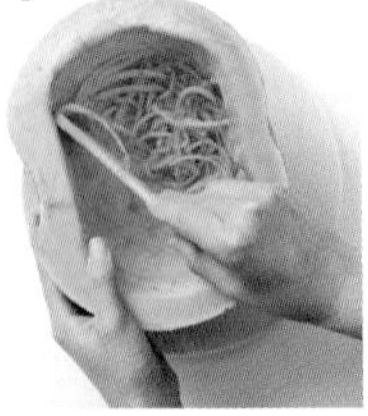

3

늙은 호박전:

How to

1 늙은 호박은 반으로 갈라 속을 파내고 채 썬다.

2 찹쌀가루, 튀김가루, 밀가루를 넣고 반죽하여 호박채를 넣어 섞는다.

3 팬을 달궈 기름을 두르고 반죽을 적당량씩 떠서 앞뒤로 노릇하게 지진다.

단호박 수제비:

밀가루 음식에 호박을 넣는 이유는 밀가루는 몸을 붓게 하지만 호박은 부종을 제거하는 기능이 있기 때문이다. 엄마는 단호박의 단맛에 고추장의 칼칼함을 더하기 위해 수제비에 고추장을 풀어 넣었다. 또 단호박 수제비에 냉이를 넣으면 냉이의 향긋함이 더해져 입맛을 돋우니 냉이가 나는 철에 단호박 수제비 한 그릇이면 없던 입맛도 살아난다.

엄마의 비밀 팁

으깬 단호박에 밀가루를 넣어 손으로 비빈 다음 강하게 치대며 반죽해야 손에 달라붙지 않고 수제비가 쫄깃합니다.

4인분

요리 시간 60분

재료

단호박 1/2통(300g)
밀가루 1컵+1/2컵
소금 1작은술+1/2작은술
냉이 50g
애호박 1/2개
쪽파 10대
맛국물 1.5ℓ
고추장 1큰술
초피액젓 3큰술

대체 식재료

초피액젓 ▶ 집간장

1

2-1

2-2

4

How to

1 단호박은 껍질을 벗긴 다음 속을 파내고 삶아 으깬다.

2 단호박에 밀가루와 소금을 넣어 충분히 치대어 비닐백에 싸서 냉장고에 넣어 30분 정도 숙성시킨다.

3 냉이는 다듬어 씻어 송송 썰고 애호박은 반달 모양으로 썰고 쪽파는 송송 썬다.

4 큰 냄비에 맛국물, 고추장, 초피액젓을 넣고 끓으면 반죽을 얇게 손으로 떠 넣어 익히다가 냉이, 애호박, 쪽파를 넣고 한소끔 끓인다.

청국장무침:

청국장은 자연 발효한 자연 식품이다. 청국장을 많이 먹을 수 있는 방법 중 하나가 청국장무침이다. 특히 아침식사 대용으로 추천할 만한데 청국장무침과 과일을 곁들여 먹으면 영양소가 풍부한 다이어트식으로 아주 좋다.

엄마의 비밀 팁

연겨자와 대파를 넣으면 청국장 특유의 향과 맛을 잡아 누구나 먹기 좋은 부드러운 맛으로 변합니다.

4인분

요리 시간 10분

주재료

청국장(무염) 200g
대파 1대
김가루 10g(약 10장)

무침 양념 재료

맛간장 1큰술
연겨자 1큰술
참기름 1큰술

대체 식재료

맛간장 ▶ 진간장

How to

1 대파는 잘게 다진다.

2 청국장에 맛간장, 연겨자, 참기름, 다진 대파를 넣고 마지막으로 김가루를 넣어 가볍게 버무린다.

2

청국장찌개:

청국장찌개는 청국장만으로도 끓이기도 하고 된장이나 김치를 넣기도 한다. 엄마는 청국장만으로 끓이고 두부를 쓰지 않는데 두부를 넣지 않는 이유는 두부에 첨가된 간수의 쓴맛이 청국장의 깊은 맛을 감하기 때문이다. 청국장찌개는 취향에 따라 돼지고기나 쇠고기 또는 무를 넣고 끓여도 된다.

4인분

요리 시간 20분

재료

배추 잎(푸른 부분) 2장
홍고추 1개
청양고추 3개
대파 1대
맛국물 3컵
멸치가루 1큰술
청국장 300g
소금 1작은술+1/2작은술

엄마의 비밀 팁

간혹 시중에서 판매되는 청국장에는 소금간이 되어 있을 수 있으므로 맛을 보아가며 간을 합니다.

How to

1 배추 잎은 잘게 썰고 홍고추와 청양고추는 다지고 대파는 어슷하게 썬다.

2 맛국물에 멸치가루를 넣은 다음 청국장을 넣고 끓이다가 바글바글 끓어오르면 배추 잎, 홍고추, 청양고추, 대파를 넣고 한소끔 끓인다.

3 소금으로 간한다.

2

미더덕 찜:

미더덕찜은 아삭하게 씹히는 식감이 좋은 요리로 한번 배워두면 두루두루 활용할 수 있다. 또 취향에 따라 좋아하는 해물을 첨가해서 먹으면 좋다. 남은 미더덕은 된장찌개에 넣으면 국물이 한결 시원해진다.

엄마의 비밀 팁

미더덕에 식용유와 들기름, 고춧가루를 넣어 볶으면 고추기름을 넣지 않아도 매콤한 맛을 낼 수 있습니다. 매운맛을 좋아하면 청양고추를 다져 넣어도 맛있습니다.

1

2

3

4인분

요리 시간 30분

주재료

미더덕 500g
콩나물 600g(약 2봉)
미나리 50g(약 1/10단)
쪽파 9~10대

양념 재료

식용유 1큰술
들기름 2큰술
고춧가루 5큰술
맛국물 5큰술
초피액젓 3큰술
찹쌀가루 5큰술
다진 마늘 2큰술
깨소금 1큰술

대체 식재료

초피액젓 ▶ 까나리액젓, 집간장

How to

1 미더덕은 깨끗이 손질하고 콩나물은 머리와 꼬리를 떼어내고 미나리와 쪽파는 다듬어 씻어 적당한 길이로 썬다.

2 팬에 식용유와 들기름을 두르고 미더덕을 넣어 2~3분 정도 볶다가 고춧가루를 넣고 주걱으로 미더덕을 눌러 터트리면서 중간 불에서 5분 정도 볶는다.

3 맛국물을 넣고 미나리, 쪽파, 콩나물을 얹은 다음 초피액젓을 넣고 뚜껑을 덮은 다음 중간 불로 5분 정도 찐다.

4 쪽파, 찹쌀가루, 다진 마늘, 깨소금을 넣어 버무린다.

찜 요리는 보통 어렵다고 생각하기 때문에 자주 하지 않지만 사실 그리 어렵지 않다.
이 가오리찜은 양념장만 있으면 언제든지 금방 해 먹을 수 있는 간단한 요리다. 요즘에는 껍질을 벗기고 손질해놓은 가오리를 팔기도 한다.
손님상이나 잔칫상에 올리면 좋은 찜 요리를 익혀두면 두루두루 활용하기 좋다.

엄마의 비밀 팁

가오리만 찌지 말고 머리와 꼬리를 떼어낸 콩나물과 실파를 같이 찌면 훨씬 맛있고 요리가 쉽습니다.

가오리찜:

4인분

요리 시간 30분

주재료

가오리 날개 1개
콩나물 20g(약 1/10봉)
부추 20g(약 1/10단)

양념 재료

실파 10대
다진 마늘 1큰술
초피액젓 2큰술
맛국물 5큰술
고춧가루 2큰술
깨소금 1큰술
참기름 1큰술

대체 식재료

초피액젓 ▶ 진간장, 집간장

How to

1 가오리는 껍질을 벗겨 손질하고 콩나물은 머리와 꼬리를 떼고 실파는 다듬어 씻는다.

2 찜통에 콩나물을 먼저 깔고 가오리를 올리고 부추를 얹어 15분 정도 찐다.

3 실파는 잘게 썰고 다진 마늘, 초피액젓, 맛국물, 고춧가루, 깨소금, 참기름을 섞어 양념을 만든다.

4 찐 가오리를 접시에 담고 양념을 끼얹거나 곁들인다.

1

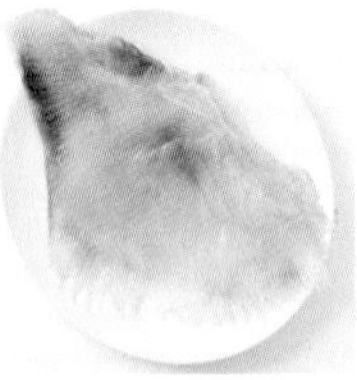

2

3

시래기 고등어 조림:

시래기는 무청을 말린 것으로 주로 김장철에 나는 무청을 가을볕에 말린 것이 가장 맛있다. 고등어에 시래기를 넣어 조릴 때에는 꼭 말린 시래기를 삶아서 껍질을 벗겨 사용한다. 시래기에는 섬유질과 비타민이 많아 겨울철 건강식으로 좋다.

엄마의 비밀 팁

시래기는 시장에 가면 껍질을 벗겨 손질하여 판매하기도 합니다. 식구들이 시래기를 좋아하면 시래기를 더 넣고 좀 더 오랫동안 끓이면 됩니다.

4인분

요리 시간 30분

주재료

고등어 1마리
삶은 시래기 300g

양념 재료

된장 1큰술
맛국물 2컵
고춧가루 2큰술
초피액젓 3큰술
다진 생강 1큰술
다진 마늘 2큰술
대파 1대

대체 식재료

초피액젓 ▶ 집간장

1

2

How to

1 삶은 시래기는 껍질을 벗겨 된장을 넣고 조물조물 버무려 냄비 바닥에 깐다.

2 시래기 위에 토막 낸 고등어를 얹고 맛국물에 고춧가루, 초피액젓, 다진 생강, 다진 마늘을 섞어 고등어 위에 끼얹는다.

3 대파는 어슷하게 썰어 얹고 국물이 자작해질 때까지 중간 불로 15분 정도 조린다.

도루묵 찌개:

보통 일이 잘 풀리지 않거나 성과가 없을 때 도루묵이라 한다.
하지만 도루묵은 비린내가 나지 않고 담백하므로 누구나 즐길 수 있는 알뜰한 생선이다.
가을이나 겨울철에 흔히 구할 수 있으며 약간 말린 것을 조려 먹어도 맛있다.

엄마의 비밀 팁

풋고추 1개와 홍고추 1개를 어슷하게 썰어 넣으면 더 먹음직스럽고 고추장 1큰술을 넣어도 맛있습니다.

How to

1 도루묵은 손질하고 대파는 어슷하게 썰고 양파는 채 썬다.

2 냄비에 도루묵을 넣고 준비한 모든 재료를 넣어 15분 정도 중간 불로 끓인다.

4인분

요리 시간 20분

주재료

도루묵 8마리
대파 1대
양파 1/4개

양념 재료

맛국물 1컵
다진 마늘 1큰술
고춧가루 2큰술
초피액젓 3큰술
후춧가루 약간

대체 식재료

초피액젓 ▶ 집간장

1

2

조기 무찌개:

조기라는 이름은 사람의 기운을 북돋운다고 해서 생긴 이름이다. 예부터 일반인은 물론 노인과 어린이의 원기회복과 발육에 좋다고 전해진다. 조기라 하면 흔히 굴비를 생각하는데 이 요리는 생물 조기를 사용하였다. 생물 조기를 구할 수 없으면 냉동 조기로 대체해도 좋다.

4인분

요리 시간 20분

재료

조기(큰 것) 2마리
무 1/3개
대파 1대
홍고추 1개
청양고추 3개
맛국물 3컵
고춧가루 4큰술
초피액젓 7큰술
다진 마늘 2큰술
다진 생강 1큰술

대체 식재료

초피액젓 ▶ 집간장

엄마의 비밀 팁

취향에 따라 청양고추의 양은 가감하세요. 두부를 넣어도 맛있습니다.

How to

2

1 조기는 손질하여 씻어 물기를 살짝 빼고 무는 가로, 세로 4cm, 두께 1cm 크기로 썰고 대파, 홍고추, 청양고추는 어슷하게 썬다.

2 냄비에 무를 깔고 조기를 올리고 대파, 홍고추, 청양고추를 얹는다. 맛국물에 고춧가루, 초피액젓, 다진 마늘, 다진 생강을 넣어 골고루 섞은 다음 조기에 끼얹는다.

3 국물이 자작해질 때까지 중간 불로 15분 정도 끓인다.

표고버섯 미역국:

미역국에 흔히 넣는 쇠고기 대신 표고버섯과 들깨가루를 넣어 담백하게 끓였다.
특히 표고버섯이 맛있고 흔하며 값도 저렴한 가을철에 끓이면 그 맛이 일품이다.
다만 표고버섯은 생것을 넣지 말고 가을볕에 말린 것을 물에 불려서 사용해야 맛이 좋다.

범마의 비밀 팁

빨리 조리하고 싶다면 맛국물을 먼저 불 위에 올리고 미역을 씻은 다음 국물이 끓으면 미역을 넣으면 됩니다.

4인분

요리 시간 40분

재료

마른 표고버섯 2개
마른미역 30g
참기름 2큰술
초피액젓 3큰술
맛국물 5컵
들깨가루 1큰

대체 식재료

초피액젓 ▶ 집간장

How to

1 마른 표고버섯과 마른미역은 물에 30분 정도 불려 채 썰고 참기름과 초피액젓을 넣어 조물조물 무친다.

2 냄비에 맛국물과 초피액젓을 넣고 끓이다가 끓어오르면 표고버섯과 미역을 넣고 다시 끓어오르면 들깨가루를 넣고 중간 불로 2분 정도 끓인다.

1

2

쇠고기 뭇국:

옛날 쇠고기가 귀한 시절에는 생일이나 특별한 날에 온 가족이 먹을 수 있도록 무를 많이 넣고 국으로 끓였다. 무를 넣으면 시원하고 담백하며 고기만 섭취하는 것보다 건강에도 좋으니 선조들의 지혜를 엿볼 수 있는 소중한 음식이다.

엄마의 비밀 팁

고기를 따로 건져 양념하면 감칠맛이 나고 고기를 좋아하는 사람이라면 더 많은 양의 고기를 먹을 수 있습니다.

4인분

요리 시간 1시간

주재료

쇠고기(양지머리 또는 갈빗살) 300g
무 1/4개

쇠고기 삶는 물 재료

물 6컵
집간장 4큰술

쇠고기 양념 재료

고춧가루 1큰술
집간장 1큰술
다진 마늘 1큰술
다진 대파 1큰술

How to

1

2

1 쇠고기는 깨끗이 씻어 냄비에 물 6컵과 집간장을 넣고 30~40분 정도 삶아 고기는 건진다.

2 쇠고기 삶은 물에 무를 나박하게 썰어 넣고 끓인다.

3 익은 쇠고기는 먹기 좋은 크기로 썰고 고춧가루, 집간장, 다진 마늘, 다진 대파를 넣어 조물조물 무친다.

4 무가 익으면 양념한 고기를 넣어 먹는다.

돼지고기 수육:

돼지고기 수육은 계절을 타지 않고 일 년 내내 해 먹을 수 있는 요리지만 김장철에 갓 버무린 김치와 함께 먹으면 정말 맛있다. 보통 수육으로는 삼겹살과 목살, 사태를 많이 사용하는데 여기서는 사람들이 좋아하는 삼겹살을 이용했다. 맛을 살리기 위해 감초를 넣어 돼지 잡내를 없애면 좋은데 감초에는 해독 작용이 있어 건강에도 이롭다. 또 된장과 맛간장을 넣어 돼지고기에 간이 배게 하면 수육이 훨씬 더 맛있다.

엄마의 비밀 팁

생강, 감초, 당귀를 넣으면 돼지 특유의 냄새를 없애주고 풍미를 더합니다.

4인분

요리 시간 1시간

주재료

돼지고기 삼겹살 600g

수육 삶는 물 재료

물 4컵
맛간장 2큰술
집된장 1/2큰술
생강 20g
감초 5g
당귀 5g

대체 식재료

맛간장 ▶ 진간장

How to

1 바닥이 두꺼운 큰 냄비에 물 4컵을 붓고 맛간장, 집된장, 생강, 감초, 당귀, 돼지고기를 넣어 뚜껑을 덮고 삶는데, 끓기 시작하면 중간 불로 줄이고 1시간 정도 삶는다.

2 1시간쯤 지나 젓가락으로 찔러보아 속까지 익었으면 한 김 식혀 먹기 좋은 크기로 썬다.

1

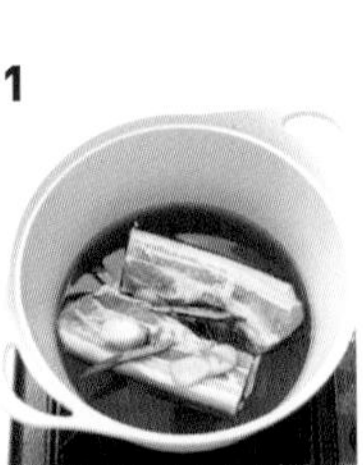

조청 고추장:

고추장은 만들기 힘들다고 생각하지만 조청으로 10분 안에 만들 수 있는 간단한 고추장이 있다. 파는 고추장과는 비교할 수 없을 만큼 맛있는데 비빔밥용이나 초무침용으로 주로 쓴다.

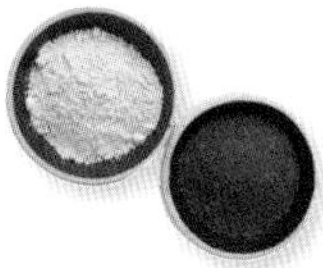

20인분

요리 시간 20분

재료

조청 600g(약 2컵)
물 3컵
고춧가루 2컵(200g)
메줏가루 3/4컵(50g)
소금 2큰술

1

엄마의 비밀 팁

조청으로 고추장을 만들면 단맛이 강하므로 조금 덜 달게 만들고 싶으면 물의 양을 조절하면 됩니다. 조청 만드는 법을 17쪽을 참조합니다.

How to

1 냄비에 조청과 물을 넣고 10분 정도 끓인다.

2 물이 식으면 고춧가루, 메줏가루, 소금을 넣고 골고루 섞는다.

온기 가득한

겨울 요리

겨울은 활동량이 적은 계절이라 장운동을 위한 섬유소가 필요합니다.

그래서 섬유소가 풍부한 무청 시래기, 호박고지 등 봄에 말려둔 나물이 요긴한 때입니다.

그리고 단백질이 풍부한 굴이나 조개, 콩, 비타민이 풍부한 귤, 유자, 무기질이 풍부한 해조류가

많이 나기 때문에 이런 음식을 골고루 섭취하면 겨울을 건강하게 날 수 있습니다.

팥죽:

팥죽 하면 동지가 떠오르게 마련이다. 선조들은 해가 짧은 동지를 귀신이 활동하는 날로 여겨 태양과 불을 떠오르게 하는 붉은 팥을 넣은 팥죽이 귀신의 기운을 물리쳐준다고 믿었다. 또 팥죽에 하얀 새알심을 식구들의 나이만큼 빚어 넣었는데, 팥죽을 먹어야 새해 나이를 한 살 더 먹는다는 말도 전해진다.
동지가 아니어도 추운 겨울에 맛보는 팥죽은 속을 따끈하게 하는 고마운 음식이다.

엄마의 비밀 팁

새알심 반죽에 소금 간을 하기도 하는데 이 레시피에는 소금을 넣지 않습니다. 또 새알심을 빚을 때 찹쌀가루만으로 빚으면 쉽게 퍼지기 때문에 찹쌀가루와 쌀가루를 섞었습니다. 소금 간은 새알심이 다 익어 동동 뜨면 1작은술+1/2작은술 정도만 넣습니다.

1-1

1-2

2

5

6

4인분

요리 시간 1시간 30분

주재료

팥 400g
물 2ℓ
쌀 1컵(200g)
소금 1작은술+1/2작은술

새알심 재료

찹쌀가루 150g
쌀가루 150g
끓인 물 1/2컵

How to

1 냄비에 팥과 물 2ℓ를 넣고 팥이 뭉개질 정도로 약한 불로 40분 정도 삶는다.

2 팥이 무르게 삶아지면 체나 소쿠리에 밭쳐 팥물은 따로 냄비에 두고 팥에 물 2ℓ를 붓고 흰 물이 나올 때까지 손으로 으깬다.

3 쌀은 잘 씻는다.

4 팥죽을 끓이기 전에 먼저 새알심을 만든다. 찹쌀가루와 쌀가루를 섞어 끓인 물 1/2컵을 넣어 익반죽하여 동글동글하게 새알심을 빚는다.

5 팥물을 냄비에 붓고 씻은 쌀을 넣고 팥 앙금과 쌀이 눌어붙지 않게 나무주걱으로 저어가며 끓인다.

6 팥죽이 끓기 시작하면 새알심을 넣고 나무주걱으로 저어가며 약한 불로 익혀 새알심이 둥둥 뜨면 소금으로 간한다.

녹두죽:

녹두죽은 환자들의 원기 회복에 좋은 음식이다. 몸속의 열기를 내려줌으로써 열로 인한 설사를 멎게 하고 갈증을 해소하며 소변이 잘 나오게 한다. 신장 기능이 떨어지거나 몸이 붓고 배가 불렀을 때, 당뇨에도 효과가 있다고 한다. 추운 겨울에는 국물 요리를 자주 먹어 어쩔 수 없이 염분을 과다 섭취하게 되는데, 가끔 녹두죽을 보양식으로 먹으면 좋다.

엄마의 비밀 팁

녹두는 껍질이 있는 것은 진한 녹색을 띠고 거피한 것은 노란색을 띱니다. 녹두를 거를 때 고운체에 거를수록 죽이 더 부드럽습니다. 녹두 껍질을 거른 물을 1시간 정도 두면 앙금은 가라앉으면서 윗물이 생기는데 먼저 윗물에 쌀을 넣고 끓이다가 남은 앙금물을 넣고 끓이면 솥에 눌어붙는 것을 막을 수 있습니다.

4인분

요리 시간 50분

재료

쌀 1컵
녹두 1컵(200g)
물 1ℓ
소금 2큰술

2

3-1

3-2

3-3

4

H o w t o

1 쌀은 물에 씻어 2~3시간 정도 불린다.

2 압력솥에 물에 씻은 녹두와 물 500㎖를 넣고 끓이다가
압력솥의 추가 돌기 시작하면 중간 불로 줄여 10분 정도 더 끓인다.

3 삶은 녹두를 체에 밭쳐 주걱으로 곱게 으깬 다음 물 500㎖를
조금씩 부어가며 거른다.

4 녹두 껍질을 거른 물에 쌀을 넣고 나무주걱으로 저어가며
끓기 시작하면 약한 불로 줄여 30분 정도 저어가며 끓이다가
소금으로 간한다.

녹두전:

녹두는 해독 작용과 오장의 기능을 원활하게 하며 원기를 회복시키는 역할을 한다. 이북에서는 명절 음식으로 녹두전이 빠지지 않는다. 명절에 기름진 음식을 먹으면 탈이 날 수도 있기 때문에 해독 작용을 하는 녹두전을 먹는다고 한다. 엄마의 녹두전은 묵은 김치가 맛있는 겨울에 가장 맛있는 것 같다.

4인분

요리 시간 1시간

재료

녹두 500g
묵은 김치 1/4포기(600g)
쪽파 13~14대(100g)
돼지고기 삼겹살(간 것) 300g
소금 1작은술
식용유 적당량

엄마의 비밀 팁

김치는 묵은 것일수록 더 맛있습니다. 김치는 물에 씻지 않고 물기를 꼭 짜서 넣어야 맛이 좋고 다시 간할 필요가 없습니다. 녹두는 불리는 데 시간이 오래 걸리는데, 반으로 쪼개어 불리면 물에 잘 불어 껍질을 벗기기가 편합니다. 또 녹두전을 부치기 하루 전에 녹두를 불립니다.

How to

1 녹두는 물을 넉넉하게 붓고 10시간 정도 불려 손으로 조물거려 껍질을 벗긴다. 흐르는 물에 껍질이 밖으로 나가도록 물을 바꿔가며 흘려보내고 껍질이 어느 정도 벗겨지면 믹서에 간다.

2 묵은 김치는 송송 썰어 물기를 꼭 짜고 쪽파는 2~3cm 길이로 썰고 돼지고기도 간 것으로 준비한다.

3 큰 그릇에 녹두 간 것을 담고 묵은 김치, 쪽파, 돼지고기를 넣어 살살 섞은 다음 소금으로 간한다.

4 팬을 달궈 기름을 두르고 한 국자씩 떠서 앞뒤로 노릇노릇하게 지진다.

1-1

1-2

2

된장 찌개:

사계절 내내 밥상에 올리는 된장찌개는 아무리 먹어도 질리지 않는다. 선조들의 지혜가 담겨 있는 된장은 건강에도 좋은 음식이다. 된장찌개에는 죽순, 감자, 버섯, 토란 뿌리 등 제철에 나는 채소를 넣으면 더욱 맛있다.

엄마의 비밀 팁

보통 된장찌개에 두부를 많이 넣지만 두부의 간수에 따라 맛이 천차만별이라 된장찌개에 두부를 꼭 권하지 않습니다. 또 청양고추를 다져 넣으면 매콤합니다.

4인분

요리 시간 20분

재료

무 1/10개
맛국물 2컵+1/2컵
애호박 1/3개
양파(중간 것) 1/2개
대파 1대
풋고추 1개
홍고추 1개
된장 1큰술

How to

1 무는 0.3cm 두께로 썰어 냄비에 맛국물과 함께 넣어 5분 정도 끓인다.

2 무가 익는 동안 애호박과 양파를 가로, 세로 0.5cm 크기로 썰고 대파, 풋고추, 홍고추는 잘게 다진다.

3 무가 다 익으면 애호박, 양파, 대파, 풋고추, 홍고추를 넣고 된장을 체에 풀어 넣고 2분 정도 끓인다.

3

마 된장국:

술 먹은 다음 날이나 죽만 먹어서 죽이 지겨운 환자들이 부담 없이 먹을 수 있는 위에 좋은 음식이다. 만드는 방법도 간단하다. 단 마나 양배추를 많이 넣으면 국물이 달기 때문에 취향에 따라 양을 조절한다. 마를 이용한 요리가 많지 않은데 된장국을 끓여 먹으면 마를 쉽게 먹을 수 있다.

엄마의 비밀 팁

마, 당근, 양배추는 재료에 단맛이 있어 매콤한 연겨자나 청양고추를 넣으면 단맛이 중화됩니다.

4인분

요리 시간 30분

재료

마(중간 것) 1개(500g)
양배추 1장
당근 1/5개
맛국물 1ℓ
된장 1큰술
물 2큰술
연겨자 1작은술

2

3

How to

1 마는 껍질을 벗기고 1.5cm 두께로 썰고 양배추는 가로, 세로 3cm 크기로 썰고 당근은 0.5cm 두께로 썬다.

2 냄비에 맛국물을 넣고 체에 된장을 풀어 넣고 마를 넣어 끓인다.

3 15분 정도 끓이다 마가 익을 즈음 당근과 양배추를 넣고 5분 정도 살짝 끓여 그릇에 담는다.

4 물 2큰술에 연겨자를 섞어 녹두알 크기로 빚어 마 된장국에 올린다.

김치 콩나물국:

숙취 해소뿐만 아니라 입맛이 없거나 감기 기운이 있을 때 먹으면 김치의 유산균과 콩나물의 비타민 덕에 감기가 뚝 떨어지는 기분이다. 반드시 익은 김치로 끓여야 김치의 새콤한 맛과 콩나물의 시원한 맛이 어우러져 맛있다.

4인분

요리 시간 30분

재료

배추김치 1/2포기(300g)
콩나물 200g
대파 1대
다진 마늘 1큰술
맛국물 4컵
초피액젓 4큰술

대체 식재료

초피액젓 ▶ 집간장

엄마의 비밀 팁

맛국물에 김치와 콩나물을 같이 넣고 끓여야 김치와 콩나물의 아삭한 맛을 살릴 수 있습니다.

How to

1

2

1 배추김치는 물기를 대강 짜서 잘게 썰고 콩나물은 꼬리만 다듬고 대파는 굵직하게 썬다.

2 냄비에 배추김치, 콩나물, 대파, 다진 마늘, 맛국물, 초피액젓을 넣고 뚜껑을 덮고 20분 정도 끓인다.

김치 콩나물죽:

김치 콩나물죽은 경상도 지방에서는 갱시기죽이라고 한다. 옛날에 먹을 것이 부족하던 시절, 물을 부어 양을 늘려 온 가족이 먹음으로써 배고픔을 달랬던 음식이었다. 지금은 별미가 되었지만 찬밥이 남아 있고 찬바람이 불면 생각나는 음식이다. 떡국떡이 있다면 한 줌 넣어도 좋다.

엄마의 비밀 팁

쌀로 만들 때는 쌀을 미리 2~3시간 정도 불려 냄비에 맛국물과 함께 넣고 10분 정도 끓이다가 콩나물과 김치를 넣고 10분 정도 끓여 간을 하고 대파를 넣어 끓입니다.

4인분

요리 시간 30분

재료

밥 2공기
콩나물 200g
김치 1/2포기(300g)
대파 1/2대
맛국물 5컵
초피액젓 4큰술

대체 식재료

초피액젓 ▶ 집간장

How to

1 밥은 따끈하게 준비하고 콩나물은 꼬리를 떼고 김치는 송송 썰고 대파는 어슷하게 썬다.

2 냄비에 맛국물을 끓인다.

3 맛국물이 끓으면 콩나물과 김치를 넣고 중간 불로 10분 정도 끓인다.

4 밥을 넣어 중간 불로 5분 정도 끓인다.

5 초피액젓으로 간을 맞추고 대파를 넣어 한소끔 끓인다.

1

2

3

4

5

콩나물 무침:

콩나물은 단백질, 비타민, 탄수화물 등 영양분이 비교적 풍부해 숙취 해소와 감기 예방에 효과가 있다고 한다. 값은 저렴하고 일 년 내내 구할 수 있고 맛도 좋아 국민 대표 반찬으로 사랑받는 콩나물무침을 만들어보았다.

4인분

요리 시간 20분

재료

콩나물 350g
쪽파 3대
맛국물 1/4컵
초피액젓 1큰술
고춧가루 1큰술
다진 마늘 1큰술
참기름 1큰술
깨소금 1큰술

대체 식재료

초피액젓 ▶ 집간장, 소금

2

3

엄마의 비밀 팁

삶을 때 미리 간을 하면 콩나물에 간이 배여 더 맛있습니다. 삶을 때 넣은 맛국물은 버리지 말고 무쳐야 더 감칠맛이 납니다.

How to

1 콩나물은 다듬어 씻고 쪽파는 잘게 다진다.

2 냄비에 맛국물, 콩나물, 초피액젓을 넣고 뚜껑을 덮고 5분 정도 삶는다.

3 콩나물이 익으면 고춧가루, 다진 마늘, 참기름, 깨소금을 넣고 조물조물 무친다.

엄마의 비밀 팁
고기 대신 말린 표고버섯을 넣으면 육개장의 맛을 느낄 수 있습니다.

채계장:

육개장의 육은 고기를 뜻한다. 이 요리는 고기는 넣지 않고 채소만으로 끓였기 때문에 채계장이라고 한다. 맛은 고기가 들어간 육개장과 비슷하지만 고기를 좋아하지 않는 사람에게 적당하다. 여기에는 토란이 빠졌지만 토란이 나는 가을에는 토란을 넣어도 좋고 채소나 버섯은 취향대로 넣으면 된다.

4인분

요리 시간 30분

주재료

느타리버섯 100g
불린 표고버섯 4개(100g)
팽이버섯 1봉
양송이버섯 6개(100g)
불린 고사리 100g
숙주 50g
삶은 토란대 100g
무 1/10개(100g)
대파 4대
맛국물 5컵

양념 재료

고춧가루 2큰술
초피액젓 6큰술
다진 마늘 2큰술

대체 식재료

초피액젓 ▶ 집간장

1

2

3

4

H o w t o

1 느타리버섯은 손으로 찢어 살짝 데치고 불린 표고버섯은 채 썰고 팽이버섯은 밑동을 잘라 반으로 자른다. 양송이버섯은 채 썰고 불린 고사리는 삶아서 잘게 썰고 숙주는 살짝 데친다. 토란대는 삶은 것으로 준비하고 무는 한입 크기로 썰고 대파는 3~4cm 길이로 잘라 살짝 데친다.

2 무와 팽이버섯을 제외한 재료에 양념을 넣어 조물조물 무친다.

3 냄비에 맛국물을 붓고 끓어오르면 무를 넣어 5분 정도 끓인다.

4 무가 익으면 양념에 무친 재료를 넣어 중간 불로 10분 정도 끓여 팽이버섯을 넣고 불에서 내린다.

콩비지찌개:

콩비지찌개는 돼지고기를 넣어야 맛이 부드럽다. 엄마가 끓이는 콩비지찌개는 콩을 불려 직접 만들기 때문에 훨씬 더 영양가가 높다. 시간이 오래 걸려 조금 번거롭긴 해도 고소하고 담백하게 한 그릇 먹으면 속이 따뜻하고 든든하다.

엄마의 비밀 팁

콩을 갈고 찌개를 끓이는 데 1ℓ 정도의 물을 사용했습니다. 계속 저어주지 않으면 넘치거나 바닥이 눌어붙을 수 있으니 큰 냄비에 조리하는 게 좋습니다.

4인분

요리 시간 2시간

재료

콩 2/3컵(100g)
물 5컵
노란 배추속대 500g
돼지고기 150g
소금 2작은술

1

3

4

How to

1 콩은 8시간 정도 불려 믹서에 물을 약간 넣어 간다. 노란 배추속대는 데쳐 잘게 썰고 돼지고기는 적당한 크기로 깍둑썰기한다.

2 냄비에 콩비지, 물을 넣고 센 불로 끓인다.

3 끓기 시작하면 돼지고기를 넣고 중간 불에서 30분 정도 끓이는데 처음 1시간은 저어가며 끓이고 이후에는 중간 중간 젓는다.

4 배추속대를 넣고 30분 정도 끓여 소금으로 간한다.

6인분

요리 시간 30분

주재료

두부 1모
올리브오일 적당량
홍고추 1개

소스 재료

청주 1컵
맛간장 1컵+1/2컵
조청 2큰술
찧은 생강 1작은술
찧은 마늘 1큰술

대체 식재료

맛간장 ▶ 진간장
조청 ▶ 물엿

두부 장아찌:

두부 장아찌 하면 생소할 수도 있지만 엄마가 알려주는 방법으로 요리하면 오래 두고 먹을 수 있다. 고기와 비슷한 맛이 나서 아이들도 좋아한다. 건강 음식으로 손색이 없는 두부 장아찌를 만들어보았다.

엄마의 비밀 팁

두부 속의 수분이 다 나올 정도로 약한 불로 쫄깃하게 지져야 합니다. 또 생강과 마늘은 다지지 말고 찧어야 특유의 향과 맛을 살릴 수 있습니다. 두부 장아찌는 바로 먹을 수 있습니다.

2

3

4

How to

1 두부는 1cm 두께로 썬다.

2 팬을 달궈 올리브오일을 두르고 두부를 앞뒤로 노릇노릇하게 약한 불로 5분 정도 지져 가위로 삼각형으로 썰어 용기나 그릇에 담는다.

3 작은 냄비에 청주, 맛간장, 조청을 넣고 바글바글 끓이다가 찧은 생강과 마늘을 넣고 5분 정도 끓이다가 홍고추를 반으로 갈라 씨를 빼고 0.3cm 길이로 썰어 넣고 5분 정도 약한 불로 졸인다.

4 ②의 두부에 소스를 붓는다.

팽이버섯 두부조림:

팽이버섯은 흔하면서도 값싼 재료이며, 두부도 항상 냉장고 한구석을 차지하고 있다. 두부 한 모를 사서 반 모는 지져서 아이들 반찬으로 주고 남은 반 모는 매콤한 팽이버섯 두부조림을 만들어 밥반찬으로 준비하면 좋다. 팽이버섯의 양은 취향에 따라 가감한다.

엄마의 비밀 팁

팽이버섯을 넣은 두부조림은 팽이버섯의 쫄깃한 식감과 두부의 부드러운 맛이 잘 어울립니다. 팽이버섯을 조금 더 넣어도 좋고 고춧가루 대신 고추장으로 졸여도 맛있습니다.

4인분

요리 시간 20분

주재료

두부 1모
팽이버섯 1봉
홍고추 1개
대파 1대

조림장 재료

맛국물 1컵
고춧가루 1큰술
초피액젓 5큰술
맛간장 3큰술
다진 마늘 1큰술
들기름 2큰술

대체 식재료

맛간장 ▶ 진간장
초피액젓 ▶ 집간장

How to

1 두부는 1.5cm 두께로 썬다.

2 팽이버섯은 밑동을 잘라내어 반으로 자르고 홍고추와 대파는 어슷하게 썬다.

3 냄비에 맛국물, 고춧가루, 초피액젓, 맛간장, 다진 마늘을 넣어 끓인다.

4 냄비에 들기름을 두르고 팽이버섯, 두부, 양념장 순으로 넣고 국물이 자작해질 때까지 10분 정도 중간 불로 조린다.

1

4

두부 쇠고기 부침:

밭에서 나는 고기로 불리는 두부와 쇠고기를 같이 먹을 수 있어서 영양 면에서도 좋다. 특히 두부는 소화가 잘 되며 단백질과 칼슘이 풍부한 알칼리성 식품이다. 반찬은 물론 아이 간식으로도 적당하다.

엄마의 비밀 팁

두부에는 수분이 있어 한번 지진 다음 양념한 쇠고기를 올리고 달걀물을 입혀 지져야 모양이 흐트러지지 않고 맛도 좋습니다. 두부는 소금물에 적셔 조리하면 잘 부서지지 않습니다.

4인분

요리 시간 30분

주재료

두부 1/2모(200g)
물 1컵
소금 1큰술
쇠고기 안심(간 것) 100g
식용유 적당량
달걀 2개

쇠고기 양념 재료

맛간장 1큰술
다진 마늘 1/2작은술
참기름 1큰술
소금 1작은술
후춧가루 약간

대체 식재료

맛간장 ▶ 진간장

1

3

4

5

How to

1 두부는 0.7cm 두께로 썰어 물 1컵에 소금 1큰술을 녹인 물에 적셔 채반에 펼친다.

2 쇠고기는 맛간장, 다진 마늘, 참기름, 소금, 후춧가루로 양념한다.

3 팬을 달궈 기름을 두르고 두부를 앞뒤로 노릇노릇하게 지진다.

4 구운 두부의 한 면에 양념한 쇠고기를 얇게 펴 얹고 달걀물을 입힌다.

5 팬을 달궈 기름을 두르고 지진다.

고추 부각튀김:

고추 부각튀김은 늦가을에 만드는 것이 좋다.
늦가을의 고추는 껍질이 두꺼워 그냥 먹기에는 부담스럽지만 부각으로 만들면 매콤하면서도 맛있다. 남편과 술 한잔할 때 맥주 안주로도 그만이다.

엄마의 비밀 팁

고추 부각은 너무 오래 튀기면 고추가 얇아 쓴맛이 나므로 30초 미만으로 살짝 튀깁니다. 또 고추가 많이 나는 가을에 미리 말려두면 유용하게 사용할 수 있습니다.

4인분

요리 시간 30분

재료

고추 30개(30g)
밀가루 적당량
맛국물 5큰술
맛간장 2큰술
조청 1큰술
튀김기름 적당량

대체 식재료

맛간장 ▶ 진간장
조청 ▶ 물엿

1-1

1-2

3

4

How to

1 늦가을에 나는 고추를 밀가루에 묻혀 찜통에 쪄서 다시 밀가루를 묻혀 채반에 말린다.

2 냄비에 맛국물, 맛간장, 조청을 넣고 바글바글 끓인다.

3 튀김기름에 소금을 살짝 넣었을 때 소금이 튀겨지는 소리가 날 정도면 고추 부각을 넣었다가 바로 건진다.

4 튀긴 고추 부각에 ②의 양념을 넣고 고루 섞는다.

잣 떡국:

일찍이 사찰에서 즐겨 먹는 음식 중 하나인 잣 떡국은 고기 육수를 내지 않고도 잣만 곱게 갈아서 만들 수 있다. 특별한 고명 없이도 고급스럽고 깔끔한 요리라 손님상에 내도 좋다. 잣은 많은데 먹을 방법이 딱히 떠오르지 않을 때 만들면 좋다.

엄마의 비밀 팁

생표고버섯보다는 마른 표고버섯이 맛과 향이 뛰어납니다. 또 잣을 갈아 냄비에 넣을 때 믹서에 물을 약간 부어 헹구면 잣의 손실을 방지할 수 있습니다.

4인분

요리 시간 30분

재료

불린 표고버섯 4개
잣 1컵(100g)
떡국떡 500g
물 1컵(믹서에 넣는 물)
물 4컵
소금 1큰술

How to

1 표고버섯은 미지근한 물에 3시간 정도 불려 아주 얇게 채 썰고 잣과 떡국떡을 준비한다.

2 믹서에 잣과 물 1컵을 넣고 곱게 갈아 냄비에 넣는다.

3 물 4컵을 믹서에 넣고 헹궈 냄비에 붓는다.

4 냄비에 표고버섯을 넣고 끓인다.

5 국물이 끓어오르면 떡국떡을 넣고 떡이 떠오를 때까지 5분 정도 끓여 소금으로 간한다.

굴 떡국:

떡국을 먹는 겨울은 굴도 제철이라 장을 보러 갔다 물이 좋은 굴을 보면 사와서 가끔 끓인다. 반찬이 별로 없거나 출출할 때 간식으로 인스턴트 음식을 먹지 말고 굴 떡국을 먹으면 영양적으로도 훨씬 좋다.

엄마의 비밀 팁

굴은 늦가을부터 초봄까지 나오는데 겨울에 가장 흔하게 맛볼 수 있습니다. 싱싱한 굴은 살이 토실토실하고 우윳빛을 띱니다. 냄새를 맡아보아 쾨쾨한 냄새가 나지 않고 바다의 은은한 향이 나야 합니다. 겨울에 굴을 많이 구입해 참기름에 달달 볶아 한끼 먹을 양씩 비닐팩에 넣어 냉동 보관하면 좋습니다. 굴은 산란기인 5·6월에는 굴에서 생성되는 특정 물질이 식중독을 일으킬 가능성이 높아 보리가 필 무렵부터 더운 여름까지는 피하는 것이 좋습니다.

4인분

요리 시간 30분

재료

자연산 굴 300g
소금 약간
떡국떡 500g
당근 1/3개
대파 1대
참기름 2큰술
맛국물 3컵
물 2컵
초피액젓 4큰술

대체 식재료

초피액젓 ▶ 집간장

How to

1 굴은 옅은 소금물에 헹궈 물기를 빼고 당근과 대파는 어슷하게 썬다.

2 냄비를 달궈 참기름을 두르고 굴을 넣어 5분 정도 볶다가 맛국물과 물 2컵, 초피액젓을 넣고 10분 정도 끓인다.

3 떡국떡을 넣고 10분 정도 끓인다.

4 당근과 대파를 넣어 살짝 끓인다.

1

오곡밥:

정월 대보름의 오곡밥은 풍농을 기원하는 뜻이 담겨 있어 농사밥이라고도 하며 대보름 즈음에 먹는다 하여 보름밥이라고도 한다. 정월 대보름날의 전통적인 절식(節食)인 오곡밥은 다섯 가지 곡식인 쌀, 조, 수수, 팥 등을 섞어 지은 밥이지만 지역에 따라 섞는 곡식의 종류는 다르다.

엄마의 비밀 팁

오곡밥은 전기밥솥이나 압력솥에 짓는 것이 좋습니다. 전기밥솥에 지을 때는 1시간 정도 곡식을 불리는 것이 좋고 압력솥은 곡식을 바로 씻어 지어도 됩니다. 오곡밥에 검은콩을 3큰술 정도 넣어도 맛있습니다.

4인분

요리 시간 40분

재료

찹쌀 1컵(200g)
수수 1/2컵(100g)
차조 1/2컵(100g)
기장 1/2컵(100g)
팥 1/3컵
물 1컵+1/2컵
소금 1작은술

2

3

4

5

How to

1 찹쌀은 불리지 않고 씻어 바로 사용한다.

2 수수, 차조, 기장은 씻어 준비한다.

3 팥은 씻어서 팥이 잠길 정도의 물을 붓고 끓이다가 끓어오르면 중간 불로 3분 정도 삶는다.

4 압력솥이나 냄비에 찹쌀과 팥을 섞어 담고 수수, 차조, 기장을 넣는다.

5 물 1컵+1/2컵에 소금 1작은술을 녹여 넣고 밥을 지어 뜸을 들인다.

더덕밥:

더덕은 핏속의 콜레스테롤과 지질의 함량을 줄이며 혈관을 확장하는 작용을 한다. 또 혈압을 낮추고 폐열을 없애고 진해 거담 작용을 함으로써 기침과 가래, 피를 토할 때 사용한다고 한다. 또 더덕을 약재와 함께 달여 먹으면 항암 효과가 배로 증가한다고 한다. 더덕으로 밥을 지으면 아삭하게 씹히는 더덕의 맛과 은은한 더덕 향을 즐길 수 있다.

엄마의 비밀 팁

더덕밥은 돌솥에 지으면 더 맛있고 전기밥솥은 백미 취사 기능을 사용하는 것이 좋습니다.

How to

1 더덕은 껍질을 벗겨 어슷하게 썰고 대추는 씨를 빼내어 채 썰고 불린 쌀과 은행을 준비한다.

2 압력솥이나 전기밥솥에 불린 쌀을 담고 더덕, 은행, 대추를 올리고 밥을 짓는다.

3 밥에 뜸을 들이는 동안 송송 썬 쪽파, 다진 마늘, 맛간장, 고춧가루, 깨소금을 골고루 섞어 양념장을 만들어 곁들인다.

4인분

요리 시간 40분

주재료

더덕 4뿌리(200g)
대추 4개
불린 쌀 2컵
은행 12개

양념장 재료

송송 썬 쪽파 약간
다진 마늘 1/3큰술
맛간장 3큰술
고춧가루 1/2큰술
깨소금 1/2큰술

대체 식재료

맛간장 ▶ 진간장

1

2-1

2-2

4인분
요리 시간 30분

주재료

더덕 200g(약 6뿌리)
식용유 2큰술

양념 재료

고추장 2큰술
참기름 1큰술
깨소금 1큰술
다진 마늘 1큰술

1

2

3

더덕 고추장구이:

더덕은 산삼의 사촌이라 불릴 만큼 효능이 많으며 식이섬유와 무기질이 풍부하여 피로회복에 좋다. 가을 더덕으로 해 먹을 수 있는 가장 맛있는 요리는 고추장 양념을 바른 더덕구이다. 사각사각 입안에서 씹히는 더덕의 향과 식감이 입맛을 돋게 한다.

엄마의 비밀 팁

더덕을 고를 때에는 향이 강하고 곧으며 잔뿌리가 많지 않고 속이 흰 것을 선택합니다.

How to

1 더덕은 껍질을 벗기고 손질해 나무 방망이로 통통 두드려 얇게 편다.

2 고추장에 참기름, 깨소금, 다진 마늘을 넣고 고루 섞어 양념을 만든다.

3 팬에 더덕을 넣고 중간 불로 앞뒤로 뒤집어가며 구워 고추장 양념을 바르고 불을 바로 끈다.

느타리버섯 초무침:

느타리버섯은 사계절 쉽게 구할 수 있는 식재료다. 미나리가 나는 계절에 미나리를 넣어 무치면 향긋한 미나리의 향을 함께 느낄 수 있어 좋다. 보통 버섯은 들기름에 볶아 먹곤 하는데, 이 요리는 새콤하게 무치는 것이 요령이다.

4인분

요리 시간 30분

주재료

느타리버섯 150g
미나리 50g
쪽파 7대
청양고추 1개
홍고추 1개

양념 재료

고춧가루 2큰술
초피액젓 1큰술
매실청 2큰술
식초 2큰술
다진 마늘 1큰술
참기름 1큰술

대체 식재료

초피액젓 ▶ 집간장, 소금
매실청 ▶ 설탕, 물엿

엄마의 비밀 팁

어린 느타리버섯은 살짝 데쳐 소쿠리에 건져 물기를 빼도 됩니다. 무침에 오이를 곁들이면 씹는 맛이 좋아집니다.

How to

1 느타리버섯은 살짝 데쳐 물기를 꼭 짠다.

2 미나리와 쪽파는 3cm 길이로 썰고 청양고추와 홍고추는 어슷하게 썬다. 느타리버섯, 고춧가루, 초피액젓, 매실청, 식초, 다진 마늘, 참기름을 넣어 고루 버무린다.

오렌지 배 드레싱:

겨울이 되면 다른 계절보다 신선한 채소를 덜 먹게 되는데 오렌지와 자연의 단맛을 내는 배를 갈아 샐러드에 곁들이면 좋다. 오렌지의 상큼한 맛을 즐길 수 있다.

4인분

요리 시간 10분

재료

오렌지 1개
배 1/4개
겨자 1큰술
꿀 1큰술
식초 1큰술
소금 1/2큰술

대체 식재료

오렌지 ▶ 한라봉, 천혜향

1

2

엄마의 비밀 팁

오렌지와 배는 감기 예방에도 좋은 과일이니 겨울철 비타민을 보충하는 데 많은 도움이 됩니다.

How to

1 오렌지와 배는 껍질을 벗겨 믹서에 간다.

2 겨자, 꿀, 식초, 소금을 넣고 고루 섞어 샐러드에 곁들인다.

톳 배추김치:

톳은 바다의 보약이라고 한다. 식량이 부족했던 보릿고개 시절에는 곡식에 톳을 넣어 톳밥을 해 먹기도 했다. 김치를 담글 때 생톳을 넣으면 쉽게 톳을 섭취할 수 있다. 톳 배추김치는 시원한 맛이 나는데 담가서 열흘 정도 상온에 두었다가 냉장 보관한다. 톳 배추김치는 익혀서 7일 정도까지 맛있게 먹을 수 있다.

엄마의 비밀 팁

멸치액젓을 담가 숙성시키면 멸치의 뼈만 남는데 이 뼈만 건져낸 다음 걸쭉하게 남은 액젓을 빡빡젓이라 합니다. 빡빡젓을 창호지나 면포에 밭쳐 걸러내면 맑은 멸치액젓이 됩니다. 배추김치의 소 양념에 톳을 넣고 버무린 다음 배추 줄기 사이사이에 소를 넣는데 잎 부분에 양념을 너무 많이 바르면 김치가 탁해집니다.

10인분

요리 시간 1시간

주재료

절임배추 1포기(3.5kg)

찹쌀풀 재료

찹쌀가루 1컵(100g)
맛국물 2컵

소 재료

보리새우 200g
초피액젓 5큰술
뻑뻑젓 5큰술
무 1/3개(300g)
배 1개
미나리 50g
대파 1대
고춧가루 10큰술
매실청 5큰술
다진 마늘 2큰술
다진 생강 2큰술
톳 250g

대체 식재료

초피액젓 ▶ 맑은 액젓
뻑뻑젓 ▶ 갈치속젓
매실청 ▶ 설탕, 물엿

1

2

3-1

3-2

H o w t o

1 배추는 절여서 준비한다(136쪽 배추 절이기 참조).

2 찹쌀가루는 맛국물에 끓여 식히고 보리새우는 삶아서 믹서에 갈아 찹쌀풀과 섞은 다음 초피액젓과 뻑뻑젓을 넣는다. 무와 배는 채 썰고 미나리와 대파는 1.5cm 길이로 썰고 고춧가루, 매실청, 다진 마늘, 다진 생강, 톳을 넣고 고루 버무린다.

3 절여놓은 배추에 소를 넣는다.

대추 나박 물김치:

대추는 항산화 작용을 하여 세포의 노화를 막아주고 풍부한 식이섬유는 장의 독성 물질을 배출하는 효과가 있어 대장암을 예방하는 효능이 있다고 한다. 몸에 좋은 대추를 차로 달여 먹으려면 번거롭지만 물김치를 담그면 대추를 간편하게 매일 먹을 수 있다.

엄마의 비밀 팁

배추 한 포기를 절여서 반 포기는 대추 나박 물김치를 담고 나머지는 굴 김치를 만들면 좋습니다. 또 대추 나박 물김치를 상에 낼 때 고명으로 잣을 띄우면 고소한 맛은 물론 보기에도 좋습니다.

20인분

요리 시간 30분

주재료

대추 1컵(200g)
물 4ℓ
절임배추 1/2포기
무 1개(1kg)
미나리 50g
쪽파 7대

찹쌀풀 재료

물 1컵
찹쌀가루 1큰술

양념 재료

다진 마늘 2큰술
다진 생강 1큰술
소금 2큰술

1

2

3

4

5

H o w t o

1 냄비에 물 1컵과 찹쌀가루를 넣고 중간 불로 5분 정도 끓여 찹쌀풀을 쑨다.

2 대추는 씨를 빼서 냄비에 물 4ℓ와 함께 넣고 물이 반 정도로 줄어들 때까지 중간 불로 끓인다.

3 대추 삶은 물은 체에 면포를 깔고 맑은 국물만 받는다.

4 절임배추와 무는 한입 크기로 썰고 미나리와 쪽파는 적당한 길이로 썬다.

5 대추 삶은 물에 배추, 무, 미나리, 쪽파, 찹쌀풀, 다진 마늘, 다진 생강, 소금을 넣어 섞는다.

해바라기씨 멸치볶음:

칼슘이 듬뿍 들어 있는 멸치와 불포화지방산 등 다양한 성분이 들어 있는 해바라기씨를 같이 볶으면 멸치의 짭조름한 맛과 해바라기씨의 고소한 맛이 어우러져 어린아이도 좋아한다.

엄마의 비밀 팁

멸치보다 해바라기씨를 더 많이 넣어 강정처럼 만들면 짜지 않아서 아이들 간식이나 술안주로 적당합니다. 해바라기씨 외에도 집에 있는 다양한 견과류로 만들어도 좋은데 견과류는 따로 팬에 볶거나 간편하게 전자레인지에 2~3분 정도 살짝 돌려도 됩니다.

4인분

요리 시간 20분

재료

해바라기씨 2큰술(30g)
멸치 50g
홍고추 1/2개
들기름 4큰술
맛간장 1큰술
조청 2큰술
통깨 1큰술

대체 식재료

맛간장 ▶ 진간장
조청 ▶ 물엿, 설탕

How to

1 해바라기씨는 씻어 물기를 빼고 멸치는 잡티를 골라내고 홍고추는 씨를 빼내고 어슷하게 썬다.

2 팬에 들기름 2큰술을 두르고 해바라기씨를 5분 정도 볶아 그릇에 담고 다시 들기름 2큰술을 두르고 멸치를 5분 정도 볶는다.

3 팬에 맛간장과 조청을 넣어 바글바글 끓으면 볶은 해바라기씨와 멸치를 넣고 버무려 통깨를 뿌린다.

1

3

홍합밥:

요즘처럼 철에 구애받지 않고 식재료가 넘쳐나는 시대에도 제철에 챙겨야 싱싱하고 맛있게 먹을 수 있는 해산물이 홍합이다. 그런데 신기하게도 생물 홍합으로는 밥이 잘되지 않는다. 홍합철을 놓쳤다면 말린 홍합을 넉넉하게 사서 냉동 보관하면서 밥을 짓거나 조려 먹는다.

4인분

요리 시간 30분

주재료

찹쌀 1컵
멥쌀 1컵
말린 홍합 1컵

양념장 재료

대파 1대
다진 마늘 1큰술
고춧가루 1큰술
맛간장 3큰술
참기름 2큰술
깨소금 1큰술

대체 식재료

맛간장 ▶ 진간장

엄마의 비밀 팁

압력솥에 홍합밥을 지으면 타지 않고 골고루 익습니다. 또 밥이 되는 동안 김이 빠지지 않아 솥에 지을 때보다 진한 홍합 향이 납니다.

2-1

2-2

How to

1 대파는 곱게 다져 다진 마늘, 고춧가루, 맛간장, 참기름, 깨소금을 넣어 고루 섞는다.

2 큰 그릇에 물 3컵을 붓고 홍합을 헹궈 전기밥솥에 찹쌀과 멥쌀을 씻어 담고 백미 취사로 밥을 지어 양념장을 곁들인다.

홍합전:

검은색의 큼직한 껍데기에서 주황빛 살을 발라내면 그 양이 얼마 되지 않는 홍합. 홍합살은 재래시장에서 쉽게 구할 수 있으니 겨울철 입맛을 돌게 할 전이 생각난다면 홍합전이 제격이다. 홍합전은 홍합밥과 달리 생물 홍합살로 부쳐야 한다.

엄마의 비밀 팁

홍합은 제철에 꾸덕꾸덕하게 말리거나 말려놓은 것을 구입하여 냉동 보관하면 일 년 내내 먹을 수 있습니다. 홍합탕이나 미역국을 끓여도 좋습니다.

4인분

요리 시간 20분

재료

홍합(생물) 200g
밀가루 1큰술
달걀 2개
식용유 적당량

H o w t o

1 홍합살은 씻어 물기를 살짝 털어낸다.

2 홍합살에 밀가루를 묻히고 달걀물을 입힌다.

3 팬을 달궈 기름을 두르고 홍합살을 하나씩 넣어 앞뒤로 노릇노릇하게 지진다.

1

2

3

굴전:

바다의 우유라 불리는 굴은 예부터 임금님께 진상했던 귀한 해산물이다.
굴이 싱싱한 제철에는 날로 먹어도 좋지만 전으로 부치면 맛과 향을 즐길 수 있다.

4인분

요리 시간 20분

재료

굴 200g
소금 약간
밀가루 1큰술
달걀 2개
소금 1/2큰술
식용유 적당량

엄마의 비밀 팁

대파 1/2대와 당근 1/2개를 곱게 채 썰어 반죽에 넣으면 맛은 물론 보기에도 먹음직스럽습니다.

1

2

How to

1 굴은 옅은 소금물에 씻어 물기를 빼고 밀가루를 묻힌 다음 소금 1/2큰술을 넣은 달걀물에 담갔다 건진다.

2 팬을 달궈 기름을 두르고 굴을 하나씩 넣고 앞뒤로 노릇노릇하게 지진다.

동태찌개:

명태 얼린 것을 동태, 말린 것을 북어, 생물을 생태라 한다. 겨울이 되면 쉽게 구할 수 있는 동태로 찌개나 전, 조림, 찜 등으로 다양하게 조리할 수 있다. 요즘은 동태를 사철 만날 수 있어 계절에 상관없이 먹을 수 있다. 한국인이 좋아하는 동태찌개의 참맛은 겨울이다.

엄마의 비밀 팁

동태알과 고니는 버리지 말고 찌개에 넣으면 담백하고 시원합니다. 또 동태전을 만들기 위해 포를 뜨고 남은 동태 대가리와 뼈를 손질해서 동태찌개를 끓여도 한 끼를 책임질 수 있을 만큼 훌륭합니다.

4인분

요리 시간 20분

재료

동태 1마리
무(중간 것) 1/4개(250g)
대파 1대
맛국물 3컵
초피액젓 3큰술
고춧가루 1큰술
다진 마늘 1큰술

대체 식재료

초피액젓 ▶ 집간장

How to

1 동태는 손질해서 적당한 크기로 토막 내고 무는 가로, 세로 2cm 크기로 썰고 대파는 어슷하게 썬다.

2 냄비에 맛국물을 붓고 무와 동태를 넣고 끓인다.

3 끓기 시작하면 초피액젓으로 간하고 10분 정도 끓인다.

4 고춧가루, 대파, 다진 마늘을 넣고 한소끔 끓인다.

4

생대구탕:

대구는 초가을부터 겨울까지 잡히는 생선이다. 미역국에 넣거나 전을 부치기도 하는데 뭐니 뭐니 해도 대구로 만든 별미는 추운 겨울 가족들이 모여 따뜻하게 즐길 수 있는 탕이다. 취향에 따라 콩나물을 넣어도 된다.

4인분

요리 시간 20분

재료

생대구 1마리
무(중간 것) 1/4개(250g)
대파 1대
홍고추 1개
맛국물 2컵
물 2컵
초피액젓 4큰술
다진 마늘 1큰술

대체 식재료

초피액젓 ▶ 집간장

엄마의 비밀 팁

대구는 빨리 익기 때문에 반드시 무를 먼저 익힌 다음 대구를 넣어야 합니다.

How to

1 생대구는 손질하여 먹기 좋은 크기로 토막 내고 무는 가로, 세로 2cm 크기로 썰고 대파와 홍고추는 어슷하게 썬다.

2 냄비에 맛국물과 물을 붓고 무를 먼저 넣고 끓어오르면 대구를 넣고 10분 정도 끓이다가 초피액젓, 다진 마늘, 대파, 홍고추를 넣고 한소끔 끓인다.

2

엄마의 비밀 팁
해물탕은 해물 자체의 염분만으로도 간이 충분히 맞기 때문에 소금이나 간장을 넣지 않습니다. 끓기 시작하면 간을 보고 식성에 따라 간을 하면 됩니다. 혹시 해물의 양이 많아 짜다면 물을 더 부으면 되고 양파나 양배추 등의 채소를 넣거나 밀가루나 수제비를 넣어도 맛이 좋습니다.

해물탕:

바다에서 나는 여러 가지 생선과 조개, 낙지, 문어, 주꾸미, 오징어 등 싱싱한 해산물로 끓이면 시원하고 감칠맛이 난다. 또 채소를 넣어 균형 잡힌 영양은 물론 담백한 맛까지 즐길 수 있다.

3

4

5

4인분

요리 시간 30분

재료

꽃게 2마리
낙지 2마리
모시조개 30개
가리비 4개
홍합(중간 것) 4개
소라 4개
미더덕 200g
대파 1대
홍고추 1개
청양고추 1개
물 1ℓ
다진 마늘 1큰술
고춧가루 2큰술

How to

1 꽃게, 낙지, 모시조개, 가리비, 중합, 소라, 미더덕은 깨끗이 손질한다.

2 대파, 홍고추, 청양고추는 어슷하게 썬다.

3 전골냄비에 손질한 해물을 보기 좋게 담는다.

4 물 1ℓ를 붓고 끓이다가 끓기 시작하면 뚜껑을 열고 5분 정도 끓인다.

5 나머지 양념 재료를 넣고 한소끔 끓인다.

꽁치는 서리가 내리는 가을철인 10~11월이 제철이다. 이때 잡히는 꽁치는 지방이 20% 정도 되기 때문에 가장 맛이 좋다고 한다. 구워 먹는 것이 가장 일반적인데 튀김을 하거나 조림, 찌개를 끓이기도 한다. 꽁치는 껍질과 그 주변 살에 영양분이 많기 때문에 껍질을 벗기지 않고 조리하는 것이 좋다. 또 지방이 많아서 김치와 잘 어울린다.

엄마의 비밀 팁

생선을 조릴 때 생강을 다져 넣으면 생선 비린내를 없애줍니다. 꽁치는 생물과 냉동이 있는데 손질법은 같습니다. 다만 구울 때는 내장만 제거하여 사용하고 찌개를 끓일 때는 머리와 내장을 모두 제거한 다음 반으로 잘라서 사용하는 것이 보기도 좋고 먹기에도 좋습니다. 찌개용은 소금 간을 하지 않아야 감칠맛이 납니다.

꽁치 무조림:

4인분

요리 시간 30분

재료

꽁치 4마리
무 1/4개(250g)
양파 1/2개
풋고추 3개
홍고추 2개
대파 1대
맛국물 1컵
물 1컵

양념 재료

맛간장 3큰술
초피액젓 3큰술
고춧가루 3큰술
다진 마늘 1큰술
다진 생강 1큰술

대체 식재료

맛간장 ▶ 진간장
초피액젓 ▶ 집간장

How to

1 무는 껍질을 벗기고 가로, 세로 5cm, 두께 1cm 크기로 썰고 양파는 채 썰고 풋고추와 홍고추는 씨째 어슷하게 썰고 대파도 어슷하게 썬다.

2 꽁치는 두 토막을 내 내장은 제거하고 깨끗이 손질한다.

3 두꺼운 냄비에 무를 깔고 손질한 꽁치를 얹는다.

4 그릇에 맛간장, 초피액젓, 고춧가루, 다진 마늘, 다진 생강을 섞어 양념장을 만든다.

5 양념장의 반만 꽁치 위에 붓고 남은 양념장에 양파, 풋고추, 홍고추, 대파를 넣고 섞어 붓는다.

6 양념장 그릇에 물 1컵과 맛국물 1컵을 부어 헹궈 냄비에 붓고 끓이다가 끓기 시작하면 중간 불로 10분 정도 끓인다.

6

꽁치 묵은지조림:

작년에 담은 묵은지를 이용한 꽁치조림이다. 꽁치는 시장이나 마트에 가면 쉽게 구할 수 있고 가격도 저렴하고 요리하기도 쉽다. 잘 보관한 묵은지와 조리면 두 가지 재료의 맛이 잘 어우러져 담백하면서도 감칠맛이 나서 엄마는 꽁치 묵은지조림을 밥도둑이라고 부른다.

4인분

요리 시간 30분

재료

꽁치 4마리
신 김치 1포기(포기가 큰 배추는 1/4포기)
양파 1/2개
대파 1대
맛국물 2컵
맛간장 3큰술
후춧가루 2/3큰술

대체 식재료

맛간장 ▶ 진간장

엄마의 비밀 팁

후춧가루를 넣으면 꽁치의 비린 맛을 잡을 수 있습니다. 2/3큰술 정도 넣으면 되는데 취향에 따라 양은 가감합니다. 과메기는 청어로 만들기도 하지만 주로 꽁치로 만드는데 먹다 남은 과메기가 있다면 꽁치 대신 사용해도 괜찮습니다.

How to

1 꽁치는 반으로 잘라 내장을 빼고 손질한다.

2 냄비에 김치를 썰어 담고 꽁치를 얹은 다음 양파는 채 썰고 대파는 어슷하게 썰고 맛국물, 맛간장, 후춧가루와 함께 넣고 끓인다.

3 끓기 시작하면 중간 불로 줄이고 10분 정도 끓인다.

3

낙지볶음:

'쓰러진 황소도 일으켜 세운다'는 낙지는 타우린이 풍부하고 단백질과 철분을 많이 함유하고 있다. 낙지는 다양하게 요리할 수 있는데 주로 해물탕이나 회로 먹고 식초를 넣어 새콤하게 무치거나 해물전을 부쳐도 맛있다. 볶아서 소면을 곁들여도 되고 밥에 비벼 먹어도 좋다. 예전에는 낙지 손질이 어려워 낙지 구입을 꺼리는 사람도 있었다지만 요즘에는 마트에서 낙지를 손질하여 판다.

4인분

요리 시간 20분

주재료

낙지(작은 것) 5~6마리
양파 1/2개
풋고추 2개
홍고추 1개
대파 1/2대
들기름 2큰술

양념 재료

고춧가루 3큰술
맛간장 2큰술
초피액젓 1큰술
다진 마늘 2큰술
통깨 1큰술

대체 식재료

맛간장 ▶ 진간장
초피액젓 ▶ 집간장

엄마의 비밀 팁

낙지는 냉동과 생물이 있는데 냉동 낙지는 물이 많이 생길 수 있어 데쳐서 사용하는 게 좋고 생물 낙지는 손질해서 바로 조리해야 제맛을 느낄 수 있습니다. 낙지를 볶을 때는 센 불에 재빨리 볶아야 물이 생기지 않고 맛이 부드럽습니다.

How to

1 낙지는 손질하여 2~3cm 길이로 자른다.

2 양파, 풋고추, 홍고추, 대파는 어슷하게 썬다.

3 팬을 달궈 들기름을 두르고 낙지를 2~3분 정도 센 불로 볶는다.

4 고춧가루, 맛간장, 초피액젓, 다진 마늘, 양파, 풋고추, 홍고추, 대파를 넣고 5분 정도 볶는다.

5 통깨를 뿌린다.

3

4

매생이국:

생채소를 섭취하기 어려운 겨울철에 해초류를 많이 먹으면 건강과 미용에 좋다. 매생이는 겨울철 전라도에서 많이 나는 해초로 매생이전, 매생이 떡국, 매생이 굴국밥 등 다양한 방법으로 조리한다.

엄마의 비밀 팁

매생이는 짠맛이 나므로 먼저 맛을 보고 간을 맞춰야 합니다. 또 물에 씻어 한 번 먹을 분량씩 용기나 비닐팩에 담아 냉동 보관하면 일 년 내내 맛볼 수 있습니다.

4인분

요리 시간 30분

재료

매생이 1덩이(600g)
굴 300g
소금 약간
무 1/5개(200g)
청양고추 3개
대파 1/2개
참기름 2큰술
맛국물 3컵
초피액젓 2큰술

대체 식재료

초피액젓 ▶ 집간장

How to

1

1 매생이는 체에 밭쳐 흐르는 물에 살살 흔들어 씻고 굴은 옅은 소금물에 살살 흔들어 씻어 체에 밭쳐 물기를 뺀다. 무는 채 썰고 청양고추와 대파는 굵게 다진다.

2 냄비를 달궈 참기름을 두르고 무와 굴을 5분 정도 볶다가 무가 익을 즈음 맛국물을 붓는다.

3 국이 끓어오르면 매생이, 청양고추, 대파를 넣고 한소끔 끓여 초피액젓으로 간한다.

코다리 조림:

코다리는 살짝 건조되면서 살이 단단해지므로 조림을 해도 흐트러지지 않는다. 코다리처럼 담백한 생선을 조려 상에 올리면 겨울철 밥반찬으로 식구들도 아주 좋아한다.

엄마의 비밀 팁

코다리는 국이나 찌개를 끓여도 맛있지만 전을 부쳐도 맛있습니다. 코다리의 머리와 지느러미를 떼고 반으로 잘라 뼈를 발라낸 다음 쇠고기와 함께 전으로 부쳐도 좋습니다.

4인분

요리 시간 30분

주재료

코다리 2마리
무 1/5개
실파 3대
홍고추 1개

조림장 재료

맛국물 1컵
고추장 1큰술
고춧가루 2큰술
맛간장 4큰술
초피액젓 1큰술
다진 마늘 1큰술
들기름 2큰술

대체 식재료

맛간장 ▶ 진간장
초피액젓 ▶ 집간장

How to

1 코다리는 가위로 지느러미와 꼬리를 잘라내고 배를 갈라 반 토막 낸다.

2 무는 가로, 세로 3~4cm, 두께 1cm 크기로 썰고 실파는 3cm 길이로 썰고 홍고추는 어슷하게 썬다.

3 맛국물, 고추장, 고춧가루, 맛간장, 초피액젓, 다진 마늘, 들기름을 섞어 조림장을 만든다.

4 냄비에 무를 깔고 코다리를 얹은 다음 양념을 반 정도 끼얹고 실파와 홍고추를 넣고 나머지 양념을 넣고 국물이 자작해질 때까지 조린다.

1

마른오징어 뭇국:

제사상에 올리려고 사서 남은 마른오징어가 냉동고에서 오랫동안 자리를 차지하고 있으면 무를 넣어 국을 끓이면 좋다. 오징어 특유의 향과 무가 어우러지면서 시원하고 담백한 맛이 난다. 고춧가루를 쓰지 않고 맑게 끓여도 맛있다.

4인분

요리 시간 30분

재료

마른오징어 1마리
(보통 크기 약 140g)
무 1/3개
대파 1/2대
참기름 1큰술
고춧가루 1큰술
맛국물 5컵
초피액젓 4큰술
다진 마늘 1큰술

대체 식재료

초피액젓 ▶ 집간장

엄마의 비밀 팁

마른오징어는 잘게 잘라 볶아 먹기도 하고 구워서 잘게 잘라 고추장에 무치기도 합니다. 또 마른오징어를 구워 껍질을 벗겨내고 잘게 잘라 무말랭이무침이나 쪽파 장아찌에 넣기도 합니다.

1

2

3

How to

1 마른오징어는 씻어서 가로, 세로 2cm 크기로 잘게 자르고 무는 가로, 세로 2cm, 두께 0.5cm 크기로 썰고 대파는 어슷하게 썬다.

2 팬을 달궈 참기름을 두르고 오징어, 무, 고춧가루를 넣고 5분 정도 달달 볶다가 맛국물, 초피액젓, 다진 마늘을 넣고 10분 정도 푹 끓인다.

3 무가 익으면 대파를 넣고 살짝 끓인다.

엄마의 비밀 팁

전복 간장조림은 예부터 새색시가 시집 갈 때 밑반찬으로 가져갈 만큼 특별한 음식입니다. 전복 간장조림에는 내장을 넣지 않기 때문에 따로 내장만 모아 죽을 끓이면 영양가도 높고 맛도 좋습니다.

전복 간장조림:

전복초라고도 하는 전복 간장조림은 귀한 손님이 오셨을 때 대접하거나 특별한 날에 선물하기 좋다. 맛내기 비법은 전복 끓인 물을 다시 양념장으로 쓰는 것이다. 다소 생소하고 낯설지만 맛만큼은 보증하는 전복 간장조림을 소개한다.

10인분

요리 시간 1시간

주재료

전복 1.5kg
다시마(가로, 세로 10cm) 1장(50g)
물 1컵

조림장 재료

맛국물 1컵
맛간장 3큰술
조청 2큰술
다진 마늘 1큰술
생강즙 1큰술
참기름 2큰술

대체 식재료

맛간장 ▶ 진간장
조청 ▶ 물엿

1

2

3

4

5

6

How to

1 전복은 깨끗이 손질한다.

2 냄비에 다시마를 깔고 전복을 얹은 다음 물 1컵을 붓는다.

3 전복을 중간 불로 10분 정도 끓인다.

4 전복의 살을 발라내어 모래주머니를 제거한다.

5 냄비에 맛국물, 맛간장, 조청, 다진 마늘, 생강즙, 참기름을 넣고 10분 정도 약한 불로 끓인다.

6 조림장에 손질한 전복을 넣고 2분 정도 조리다가 불을 끈다.

전복죽:

'바다의 보물'이라고 불리는 전복으로 죽을 쑤면 원기 회복에 좋고 단백질과 무기질 등의 영양소가 가득하여 산후 조리에도 좋다고 한다.

4인분

요리 시간 40분

재료

찹쌀 1컵+1/2컵(300g)
전복 5개(240g)
참기름 2큰술
물 6컵

엄마의 비밀 팁

전복죽은 오래 끓이면 전복이 질겨지므로 불린 쌀을 참기름을 두른 냄비에 먼저 볶아 쌀이 투명하게 익으면 전복을 넣고 끓입니다. 쪽파 5대나 대파 1/2대를 송송 썰어 넣어도 맛있습니다.

How to

1 찹쌀은 씻어 물을 넉넉하게 붓고 30분 정도 불린다.

2 전복 껍데기를 손으로 잡고 솔로 전복을 씻은 다음 껍데기를 벗긴다.

3 내장이 붙어 있는 쪽의 빨간색 모래주머니만 제거하고 맑은 물에 헹궈 얇게 썬다.

4 압력솥에 참기름을 두르고 전복을 5분 정도 볶는다.

5 불린 찹쌀을 넣고 살짝 볶다가 물 6컵을 넣고 압력솥의 뚜껑을 닫고 끓이다가 추가 돌기 시작하면 불을 약하게 줄이고 2~3분 정도 두었다가 불을 끈다.

2

3

4

가자미 간장조림:

요즘에는 마트에서 반건조 가자미를 쉽게 구할 수 있다. 가자미는 다른 생선보다 비린내가 거의 나지 않고 맛이 담백하여 생가자미는 미역국에도 쓰고 가자미식혜를 만들거나 전으로 부치기도 한다. 반건조 가자미는 한번 구워 조려도 좋다.

4인분

요리 시간 20분

주재료

반건조 가자미 2마리

조림장 재료

들기름 2큰술
맛국물 3큰술
맛간장 5큰술
다진 마늘 1큰술
생강즙 1큰술

대체 식재료

맛간장 ▶ 진간장

엄마의 비밀 팁

갖은 양념을 하여 고춧가루를 넣어 졸여도 좋습니다. 좀 더 매콤하게 먹으려면 청양고추를 송송 썰어 넣으면 됩니다.

How to

1 반건조 가자미는 가위로 지느러미와 꼬리를 잘라내고 씻는다.

2 냄비를 달궈 들기름을 두르고 가자미를 넣는다.

3 맛국물, 맛간장, 다진 마늘, 생강즙을 고루 섞어 가자미 위에 끼얹고 약한 불로 10분 정도 조린다.

1

모자반 무무침:

모자반은 칼슘과 섬유소가 풍부하고 혈압에도 좋은 대표적인 겨울 해조류이다.
무를 넣고 무친 모자반무침은 톡톡 터지는 씹는 재미와 새콤달콤한 맛이 잘 어우러진다.
모자반의 맛이 궁금하다면 이번 기회에 모자반 무무침을 만들어보길 바란다.

엄마의 비밀 팁

모자반은 해초류로 칼슘이 많아 골다공증 예방에 좋고 돼지고기의 지방이 흡수되는 것을 막아주는 역할을 하므로 돼지고기를 먹을 때 곁들이면 좋습니다.

4인분

요리 시간 30분

주재료

생모자반 200g
무 1/6개
청양고추 2개
홍고추 1개

양념 재료

초피액젓 1큰술
매실청 2큰술
식초 2큰술
깨소금 1큰술

대체 식재료

초피액젓 ▶ 집간장, 소금
매실청 ▶ 설탕, 물엿

How to

1 모자반은 손질해서 살짝 데쳐 먹기 좋게 썰고 무는 채 썰고 청양고추와 홍고추는 곱게 다진다.

2 큰 그릇에 모자반, 무, 청양고추, 홍고추, 초피액젓, 매실청, 식초, 깨소금을 넣고 조물조물 무친다.

4인분

요리 시간 30분

주재료

콩나물 1/2봉
맛국물 10큰술
마른 모자반 50g

양념 재료

고춧가루 1큰술
맛간장 1큰술
초피액젓 1큰술
다진 마늘 1큰술
참기름 1큰술

대체 식재료

맛간장 ▶ 진간장
초피액젓 ▶ 집간장

1

2

3

마른 모자반 콩나물무침:

겨울철 채소가 많이 나지 않을 때 칼슘이 풍부한 모자반과 비타민이 풍부한 콩나물을 함께 먹으면 건강과 맛을 동시에 충족시킬 수 있다. 겨울이면 가끔씩 떠오르는 엄마의 맛이 담겨 있는 요리이다.

엄마의 비밀 팁

생모자반은 잠깐 나오기 때문에 구하기 어려운 만큼, 마른 모자반을 이용해도 됩니다.
마른 모자반은 삶지 않아도 되지만 생모자반은 물에 10분 정도 불려 네다섯 번 정도 깨끗이 씻어야 합니다.

How to

1 콩나물은 다듬어 씻어 냄비에 맛국물과 함께 넣고 5분 정도 삶는다.

2 마른 모자반은 씻어 적당한 크기로 썰고 고춧가루, 맛간장, 초피액젓, 다진 마늘, 참기름을 섞어 양념장을 만든다.

3 큰 그릇에 콩나물, 모자반, 양념장을 넣어 조물조물 무친다.

오징어채 무침:

요즘은 급식을 하기 때문에 도시락을 싸는 일이 거의 없지만 도시락을 싸던 시절에는 도시락 반찬이 가장 큰 걱정거리였다. 오징어채 요리는 도시락에 빠지지 않는 단골 반찬으로 누구나 좋아했다.

엄마의 비밀 팁

오징어채무침에 조청을 조금 넣으면 달콤하지만 자극적이지 않은 조청의 맛이 식욕을 자극합니다.

4인분

요리 시간 10분

재료

오징어채 50g
맛국물 2큰술
맛간장 1큰술
고추장 1큰술
참기름 1큰술
통깨 1큰술

대체 식재료

맛간장 ▶ 진간장

How to

1 냄비에 맛국물, 맛간장, 고추장, 참기름을 넣어 끓인다.

2 끓기 시작하면 불을 끄고 손질한 오징어채를 넣고 잘 버무린 다음 통깨를 뿌린다.

2

오징어포 아몬드무침:

오징어채에 단백질, 칼슘, 미네랄 등이 풍부한 아몬드를 넣어 무치면 오징어의 쫄깃함과 아몬드의 고소함, 건강까지 챙길 수 있는 밑반찬이다. 쉽게 구할 수 있는 재료로 만들기도 간편하지만 식구들이 모두 좋아하는 밥반찬이라 더욱 좋다.

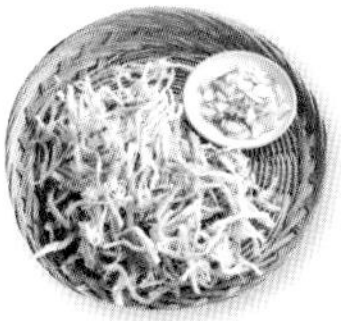

4인분

요리 시간 10분

주재료

오징어포(진미채) 100g
아몬드 슬라이스 2큰술

양념 재료

맛국물 12큰술
고추장 1큰술
고춧가루 1큰술
초피액젓 1큰술
조청 1큰술
다진 마늘 1큰술

대체 식재료

초피액젓 ▶ 집간장
조청 ▶ 설탕, 물엿

How to

1 팬에 맛국물, 고추장, 고춧가루, 초피액젓, 조청, 다진 마늘을 넣고 3분 정도 끓인다.

2 오징어포와 아몬드 슬라이스를 넣고 골고루 버무린다.

파래 무무침:

파래는 무기질이 풍부하고 철분이 많은 해조류로 골다공증 예방에 좋다. 섬유질이 많아서 다이어트에 효과적인 파래를 겨울철에 많이 섭취하면 활동량이 적어 쉽게 살이 찌기 쉬운 겨울철 건강관리에 좋다.

엄마의 비밀 팁

해조류 특유의 비린 맛을 청양고추의 매콤함이 잡아줍니다. 파래는 처음에는 소금을 넣어 조물조물 주물러 씻고 여러 번 헹궈서 손질합니다.

4인분

요리 시간 20분

주재료

파래 1덩이(약 100g)
무 1/5개
쪽파 6~7대
청양고추 1개
홍고추 1개

양념 재료

초피액젓 2큰술
매실청 2큰술
식초 2큰술
통깨 1큰술

대체 식재료

초피액젓 ▶ 집간장
매실청 ▶ 설탕, 물엿

How to

1 무는 곱게 채 썰고 쪽파와 청양고추, 홍고추는 곱게 다진다.

2 파래는 손질해서 씻어 무, 쪽파, 청양고추, 홍고추, 양념 재료인 초피액젓, 매실청, 식초, 통깨를 넣고 조물조물 무친다.

1

2

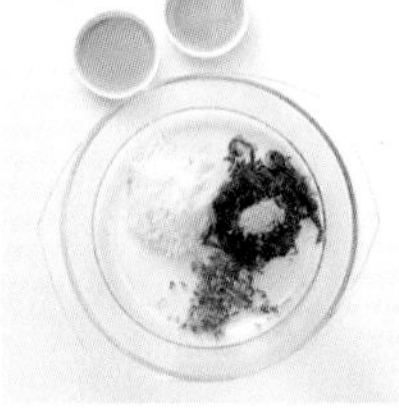

파래 무침:

경상도 지방에서는 신기라고도 불리는 마른 파래는 해 먹는 방법을 잘 몰라 쉽게 손이 가지 않는 식재료이다. 그러나 한번 해보면 쉽고 간편하게 만들 수 있고 맛도 좋다. 또 녹색빛을 띠기 때문에 색감만으로도 식욕을 돋운다.

엄마의 비밀 팁

마른 파래는 손으로 잘게 찢어 물에 씻지 말고 맛국물에 촉촉이 적셔 무칩니다.

4인분

요리 시간 20분

재료

마른 파래 30g
맛국물 1컵+1/2컵
초피액젓 1큰술
참기름 2큰술
깨소금 2큰술

대체 식재료

초피액젓 ▶ 집간장

2

How to

1 마른 파래는 잡티를 골라내고 손으로 잘게 찢는다.

2 맛국물, 초피액젓, 참기름, 깨소금을 고루 섞은 다음 파래를 넣고 조물조물 무친다.

마른 돌자반무침:

김과 파래를 섞어 건조시킨 마른 돌자반을 무치면 김과 파래의 맛을 동시에 즐길 수 있다. 사계절 쉽게 만들 수 있는데 특히 해조류를 구하기 어려운 여름철에 해조류를 섭취하기에 좋다.

엄마의 비밀 팁

돌자반은 물에 씻지 않고 잘게 찢어 팬에 5분 정도 볶으면 김 특유의 비린 맛을 없앨 수 있습니다.

4인분

요리 시간 20분

재료

마른 돌자반 50g
맛국물 1컵
맛간장 5큰술
참기름 2큰술
깨소금 2큰술

대체 식재료

맛간장 ▶ 진간장

1

2

3

How to

1 마른 돌자반은 잡티를 골라내고 손으로 잘게 찢는다.

2 팬에 마른 돌자반을 넣고 중간 불로 5분 정도 볶는다.

3 맛국물, 맛간장, 참기름, 깨소금을 섞어 마른 돌자반에 넣고 조물조물 무친다.

꼬시래기 무침:

꼬시래기는 따뜻한 지역의 얕고 잔잔한 바다에서 자라는 해초로 완도나 장흥, 해남, 진도에서는 꼬시락이라고 부른다. 바다의 냉면이라는 별칭이 있는 꼬시래기는 붉은색을 띤다.

엄마의 비밀 팁

마른 꼬시래기는 손으로 찢어 물에 불려 고추장에 무쳐 먹으면 맛있습니다.

4인분

요리 시간 10분

재료

마른 꼬시래기 30g
맛국물 10큰술
초피액젓 1큰술
참기름 1큰술
깨소금 1큰술

대체 식재료

초피액젓 ▶ 집간장

1

How to

1 꼬시래기는 깨끗하게 손질한다.

2 큰 그릇에 꼬시래기를 담고 맛국물, 초피액젓, 참기름, 깨소금을 넣어 조물조물 무친다.

갈비탕:

예부터 갈비탕은 잔치가 있거나 경사가 있는 날에 빠지지 않는 대표적인 음식이다. 갈비탕 한 그릇에 따끈한 밥 한 공기는 생각만으로 배가 든든해진다. 뜨끈한 국물이 생각날 때 갈비탕을 추천한다.

엄마의 비밀 팁

갈비를 삶을 때 집간장을 미리 넣으면 고기에 밑간이 배어 맛있습니다. 또 당면을 물에 불려 넣어도 맛있고 보통 크기의 무를 1/3개 정도 나박하게 썰어 끓여도 시원한 감칠맛이 납니다. 갈비탕을 끓여 냉장고에 넣으면 용기 위쪽으로 기름이 굳는데 다시 끓일 때는 이 기름 덩어리를 걷어냅니다.

6인분

요리 시간 3시간 40분

재료

쇠갈비 1kg
물 4ℓ
집간장 9큰술
대파 1대
다진 마늘 2큰술
후춧가루 1/2작은술

2

3

4

How to

1 쇠갈비는 찬물에 2시간 정도 담가 핏물을 빼는데 중간에 두 번 정도 맑은 물로 갈아준다.

2 바닥이 두꺼운 큰 냄비에 물 4ℓ를 붓고 집간장을 넣는다.

3 갈비를 넣고 끓어오르면 중간 불로 줄이고 1시간 30분 정도 끓인다.

4 대파를 어슷하게 썰어 넣고 다진 마늘을 넣고 불에서 내려 먹기 직전에 후춧가루를 뿌린다.

갈비구이:

갈비로는 다양한 요리를 할 수 있는데 갈비구이는 갈비 요리 중 으뜸가는 요리다. 생갈비구이로도 먹을 수 있지만 양념을 해서 먹으면 갈비의 부드러운 육질과 양념의 달큰한 감칠맛이 어우러져 누구나 좋아한다. 갈비 요리는 명절과 생일상에 빠지지 않는 단골 메뉴다.

4인분

요리 시간 5시간 20분

재료

쇠갈비 1kg
배 1/2개(100g)
맛간장 8큰술
다진 마늘 2큰술
설탕 2큰술
참기름 2큰술
후춧가루 1큰술

대체 식재료

맛간장 ▶ 진간장

엄마의 비밀 팁

갑자기 손님이 오시거나 고기를 양념에 숙성시킬 시간이 부족할 때는 고기를 잴 때 배와 함께 파인애플, 키위를 넣으면 빠른 시간에 부드러운 고기의 식감을 느낄 수 있습니다.

3

4

How to

1 쇠갈비는 찬물에 3시간 정도 담가 핏물을 뺀다.

2 갈비의 기름을 제거하고 0.5cm 간격으로 칼집을 넣은 다음 칼등으로 자근자근 두드려 고기를 부드럽게 만든다.

3 배는 강판에 갈아 즙을 내고 맛간장, 다진 마늘, 설탕, 참기름, 후춧가루를 섞어 고기에 버무려 2시간 정도 숙성시킨다.

4 팬을 달궈 양념에 재운 갈비를 굽는다.

떡갈비:

떡갈비는 아이들이 참 좋아하는 고기 요리다. 그러나 떡갈비를 자주 만들기는 쉽지 않다. 가정에서 칼로 고기를 다지는 일이 여간 수고스럽지 않아서다. 고기를 살 때 미리 불고기감으로 썰어달라고 하면 다지기가 한결 수월하다.

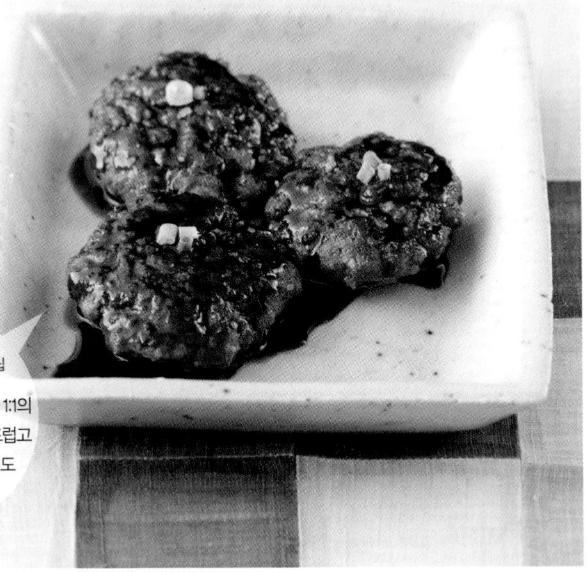

엄마의 비밀 팁

돼지고기와 쇠고기를 1:1의 비율로 만들어도 부드럽고 돼지고기만 사용해도 좋습니다.

4인분

요리 시간 30분

주재료

쇠고기 갈빗살 600g
당근 1/4개(50g)
양파 1/4개(50g)
감자 1/4개(50g)
대파 1/3대
소금 1/2작은술
후춧가루 1/2작은술
식용유 적당량

양념 재료

배 1/2개
맛국물 3큰술
맛간장 4큰술
조청 2큰술
다진 마늘 1큰술
참기름 2큰술
깨소금 1큰술

대체 식재료

쇠고기 갈빗살 ▶ 쇠고기 등심, 안심, 채끝살
맛간장 ▶ 진간장
조청 ▶ 물엿

How to

1 쇠고기는 당근, 양파, 감자, 대파와 함께 소금과 후춧가루를 넣고 칼로 다진다.

2 쇠고기는 지름 4~5cm 크기로 동글납작하게 빚는다.

3 배는 강판에 갈아 즙을 내어 맛국물, 맛간장, 조청, 다진 마늘, 참기름, 깨소금을 섞어 냄비에 5분 정도 바글바글 끓여 양념장을 만든다.

4 팬을 달궈 기름을 두르고 떡갈비를 앞뒤로 노릇노릇하게 굽는다.

5 떡갈비를 접시에 담고 양념장을 끼얹는다.

1

2

4

5

곰탕:

곰탕은 소머리나 내장, 꼬리, 등뼈, 소족 등 소의 여러 부위를 오랜 시간 달여 만든다. 흔히 알고 있는 사골 곰탕은 소의 다리로 만든다. 사태뼈와 사골을 넣어 끓인 곰탕은 국물맛이 담백하고 감칠맛이 좋다. 엄마는 아궁이에 군불을 때서 곰탕을 끓이기도 하고 시간이 없을 때는 큼직한 들통에 재료를 넣어 가스 불에 끓이기도 하는데 아궁이에서 끓인 곰탕맛이 훨씬 좋다.

20인분

요리 시간 6시간

재료

사골 800g
사태뼈 800g
대파 4대
소금 약간

H o w t o

1 사골과 사태뼈는 깨끗이 씻어 찬물에 5~6시간 정도 담가 핏물을 뺀다.

2 냄비 바닥이 두껍고 용량이 큰 곰솥에 물을 10ℓ 정도 넣고 물이 끓으면 사골과 사태뼈를 넣고 10분 정도 끓이다가 끓인 물은 버린다.

3 사골과 사태뼈는 찬물로 씻어 다시 곰솥에 물 15ℓ와 함께 넣고 뽀얗게 국물이 우러나올 때까지 3~4시간 정도 푹 끓인다.

4 국물을 다른 용기에 부어놓고 다시 곰솥에 물 15ℓ와 함께 넣고 국물이 뽀얗게 우러날 때까지 3~4시간 정도 끓여 먼저 끓인 국물과 섞는다.

5 국그릇에 곰국을 담고 대파를 송송 썰어 올리고 소금으로 간을 맞춘다.

육개장:

엄마는 봄과 가을 환절기에는 꼭 육개장을 끓인다. 감기에 좋은 대파를 많이 섭취하기 위해서다. 대파는 끓는 물에 데쳐서 넣어야 매운맛도 줄이고 서로 엉키는 것도 막을 수 있다. 엄마의 육개장 비법은 양지머리를 미리 삶아서 식히면 위에 기름이 뜨는데 이 기름을 걷어내고 끓이는 것이다. 또 고추기름도 따로 내지 않고 담백하게 끓여서 국물 맛이 산뜻하고 시원하다.

엄마의 비밀 팁

고기를 삶을 때 미리 간을 하고 채소는 각각 데쳐 20~30분 정도 간을 해두는 것이 좋습니다. 또 물과 맛국물을 반반씩 사용하면 더욱 맛있습니다.

4인분

요리 시간 1시간

주재료

쇠고기 양지머리 300g
마른 토란대 20g
숙주 150g
대파 3대
무 1/6개
삶은 고사리 150g
고춧가루 2큰술
집간장 3큰술
다진 마늘 1큰술

쇠고기 삶는 물 재료

물 7컵
집간장 4큰술

How to

1 쇠고기는 양지머리로 준비하여 냄비에 물 7컵과 집간장 4큰술을 넣고 40분 정도 삶는다.

2 마른 토란대는 물에 30분 정도 불려 10분 정도 삶고 숙주와 대파는 살짝 데친다.

3 무는 가로, 세로 3~4cm, 두께 1cm 크기로 썬다.

4 쇠고기를 건져 적당한 크기로 찢고 큰 그릇에 토란, 숙주, 대파, 고사리와 함께 담아 고춧가루, 집간장, 다진 마늘을 넣고 조물조물 양념한다.

5 쇠고기 삶은 물에 무를 넣고 끓어오르면 양념한 재료를 넣고 10분 정도 끓인다.

쇠고기 두부찌개:

특별한 재료 없이 두부만 있다면 먹다 남은 쇠고기를 활용해 손쉽게 끓일 수 있는 찌개이다. 대파와 청양고추를 넣으면 시원하면서 매콤하게 먹을 수 있다. 때로는 쇠고기 대신 돼지고기로 끓여도 좋다.

엄마의 비밀 팁

찌개를 끓일 때 쇠고기를 먼저 넣어 육수가 우러난 다음 두부를 넣어야 깊은 맛이 납니다. 고기를 맛있게 먹으려면 고기를 찬물에 삶고 새우젓으로 간합니다.

4인분

요리 시간 30분

재료

쇠고기 양지머리(잘게 썬 것) 200g
맛국물 2컵
두부 1모(600g)
집간장 3큰술
고춧가루 1큰술
새우젓 1큰술
다진 마늘 1큰술
대파 1대

How to

1 쇠고기는 잘게 썰어 냄비에 맛국물 2컵과 함께 넣어 10분 정도 끓인다.

2 두부는 가로, 세로 2~3cm, 두께 1cm 크기로 썰어 집간장, 고춧가루, 새우젓, 다진 마늘을 넣고 10분 정도 끓인다.

3 대파를 어슷하게 썰어 넣고 한소끔 끓인다.

2

고추장 돼지불고기:

사계절 언제나 즐길 수 있는 고추장 돼지불고기에 오징어를 넣으면 오삼 돼지불고기가 된다. 고추장 양념이 돼지의 냄새를 잡아주어 맛있게 먹을 수 있는데 더 맵게 먹으려면 기본양념에 청양고추 두세 개를 썰어 넣으면 땀을 뻘뻘 흘리며 먹을 수 있다. 야외로 나들이를 갈 때나 집에서 상추쌈에 싸서 먹으면 좋다.

4인분

요리 시간 1시간

주재료

돼지고기 목살 300g
양파 1/2개
풋고추 1개
홍고추 1개
대파 1대
참기름 1큰술

돼지고기 양념 재료

고추장 1큰술
맛간장 3큰술
다진 마늘 2큰술
다진 생강 1큰술
고춧가루 1큰술

대체 식재료

돼지고기 목살 ▶ 삼겹살
맛간장 ▶ 진간장

엄마의 비밀 팁

고추장 돼지불고기는 양념에 재워두었다가 2~3시간이 지나면 고기에 양념이 배어 깊은 맛을 느낄 수 있습니다.

How to

1 돼지고기는 목살로 준비하여 얇게 썰어 고추장, 맛간장, 다진 마늘, 다진 생강, 고춧가루를 넣어 조물조물 버무려 30분 정도 숙성시킨다. 양파는 도톰하게 채 썰고 홍고추, 풋고추, 대파는 어슷하게 썬다.

2 팬을 달궈 돼지고기를 굽듯이 볶기 시작하여 10분 정도 지나 돼지고기가 익으면 양파, 풋고추, 홍고추, 대파를 넣어 3분 정도 볶아 참기름을 두른다.

1

아주까리나물
시래기나물
세발나물
달래나물
취나물
가지나물
냉이나물

열두달 열두가지 나물

나물은 대보름 즈음에 시장에 가면 삶아서 많이 판다. 다른 계절보다 신선한 채소를 덜 먹게 되는 겨울철에 갖가지 나물을 밥상에 올리면 비타민과 섬유질을 배불리 섭취할 수 있다. 지혜로운 선조들도 보름나물이라 하여 보름이 되면 나물을 종류별로 먹으며 건강을 유지했다. 여기에 소개하는 말린 나물은 재래시장에서 쉽게 구할 수 있는 것들이다.

나물 삶기

말린 나물은 육안으로는 부드러운 것과 뻣뻣하고 거친 것을 구별하기 힘듭니다. 말린 나물을 찬물에 담가 삶는데, 이때 나물의 상태를 보아가며 시간을 조절합니다. 억센 나물은 40분에서 50분 정도 삶고 부드러운 나물은 10~20분만 삶습니다. 줄기를 손톱으로 눌러보아 손톱이 들어가면 충분히 익은 것입니다. 또 냄비에 나물을 삶을 때는 불을 끄고 물이 식을 때까지 그대로 둬야 나물이 부드럽습니다.

시래기 나물:

4인분

요리 시간 50분

재료

시래기 200g
들기름 2큰술
맛국물 2/3컵
맛간장 1큰술
초피액젓 1큰술
들깨가루 2큰술

대체 식재료

맛간장 ▶ 진간장
초피액젓 ▶ 집간장

엄마의 비밀 팁

늦가을 김장철이 되면 무청이 많이 나옵니다. 무청을 따로 구입해서 바람이 잘 통하는 그늘에서 말려두고 여러가지 요리에 사용합니다.

How to

1 시래기는 손질해 냄비에 시래기가 잠길 정도의 물을 붓고 중간 불로 30분 정도 삶는다.

2 삶은 시래기는 껍질을 벗기고 적당한 길이로 썰어 들기름, 맛국물, 맛간장, 초피액젓을 넣고 조물조물 무쳐 팬에 15분 정도 볶아 국물이 자작자작해지면 들깨가루를 넣고 마무리한다.

아주까리 나물:

4인분

요리 시간 1시간

재료

마른 아주까리 200g
맛국물 1/2컵
집간장 2큰술
맛간장 1큰술
들기름 2큰술

대체 식재료

맛간장 ▶ 진간장

엄마의 비밀 팁

피마자라고 불리는 아주까리 열매는 기름을 짜서 화상을 입었을 때 바르기도 하고 옛날에는 머리기름으로도 사용했습니다. 정월 보름즈음 재래시장에 가면 많이 나옵니다.

How to

1 아주까리는 씻어 냄비에 아주까리가 잠길 정도의 물을 붓고 중간 불로 40분 정도 삶는다.

2 삶은 아주까리는 적당한 크기로 썰어 맛국물, 집간장, 맛간장, 들기름을 넣고 조물조물 무쳐 맛국물이 자작해질 때까지 15분 정도 볶는다.

가지나물:

4인분
요리 시간 20분

재료

마른 가지 30g
맛국물 2/3컵
초피액젓 1큰술
맛간장 1큰술
들기름 1큰술
들깨가루 1큰술

대체 식재료

맛간장 ▶ 진간장
초피액젓 ▶ 집간장

엄마의 비밀 팁

가지나물은 말릴 때 생으로 말리지 않고 쪄서 말립니다. 생가지를 썰어서 말리다가 수분이 50~60% 정도 날아가면 찜통에 면포를 깔고 가지를 넣어 찜통의 물이 끓기 시작하면 중간 불로 20분 정도 쪄서 말립니다. 요리를 할 때는 다시 삶지 않고 물에 씻어서 바로 사용하면 됩니다.

How to

1 마른 가지는 손질해 씻는다.

2 가지에 맛국물, 초피액젓, 맛간장, 들기름을 넣고 조물조물 무쳐 물이 자작해질 때까지 10분 정도 볶아 들깨가루를 넣는다.

달래나물:

4인분
요리 시간 10분

재료

달래 200g
초피액젓 1큰술
고추장 1큰술

대체 식재료

초피액젓 ▶ 집간장

엄마의 비밀 팁

따뜻한 성질을 가진 달래는 들에서 나는 약재라 할 만큼 건강에 좋습니다. 다양한 요리법이 있지만 장아찌를 담가 먹으면 오래 먹을 수 있습니다.

How to

1 달래는 손질하여 끓는 물에 1분 정도 데친다.

2 데친 달래는 먹기 좋게 잘라 초피액젓과 고추장을 넣어 조물조물 무친다.

톳나물:

4인분

요리 시간 55분

재료

마른 톳 20g
들기름 2큰술
맛국물 1컵
초피액젓 1큰술
들깨가루 2큰술

대체 식재료

초피액젓 ▶ 집간장

엄마의 비밀 팁

톳은 마른 톳과 생톳이 있는데 생톳은 살짝 데쳐 사용하면 되지만 마른 톳은 찬물에 30분 이상 불려 삶아 조리하고 짠맛이 있어 간을 많이 하지 않아도 됩니다.

How to

1 톳은 물에 30분 정도 불려 끓는 물에 10분 정도 삶는다.

2 삶은 톳은 적당히 잘라 들기름에 볶다가 맛국물과 초피액젓을 넣어 10분 정도 볶다가 들깨가루를 넣고 5분 정도 볶는다.

다래순나물:

4인분

요리 시간 30분

재료

마른 다래순 200g
맛국물 1컵
맛간장 1큰술
집간장 2큰술
들기름 2큰술

대체 식재료

맛간장 ▶ 진간장

엄마의 비밀 팁

다래순나물에 들깨가루 2~3큰술을 넣어도 맛있습니다. 또 삶은 나물은 보통 10분 정도면 요리를 끝낼 수 있지만 나물이 거칠고 바짝 마른 상태라면 요리 시간이 길어지기도 합니다.

How to

1 마른 다래순은 냄비에 담아 찬물을 붓고 불에 올려 끓기 시작하면 중간 불로 줄이고 20분 동안 삶는다.

2 삶은 다래순은 찬물에 헹궈 적당한 크기로 자르고 맛국물, 맛간장, 집간장, 들기름을 넣어 조물조물 무쳐 맛국물이 자작해질 때까지 10분 정도 볶는다.

세발나물:

4인분

요리 시간 30분

재료

세발나물 300g
초피액젓 1큰술
다진 마늘 1큰술
참기름 1큰술
깨소금 1큰술

대체 식재료

초피액젓 ▶ 집간장

엄마의 비밀 팁

세발나물은 생나물로도 먹기 때문에 살짝 데쳐야 세발나물의 맛을 더 잘 느낄 수 있습니다. 고추장에 무쳐 매콤하게 먹어도 맛있습니다.

How to

1 세발나물은 살짝 데쳐 찬물에 헹군다.

2 세발나물에 초피액젓, 다진 마늘, 참기름, 깨소금을 넣어 조물조물 무친다.

토란대 나물:

4인분

요리 시간 50분

재료

마른 토란대 30g
들기름 2큰술
맛간장 3큰술
초피액젓 1큰술
맛국물 1컵
들깨가루 2큰술

대체 식재료

맛간장 ▶ 진간장
초피액젓 ▶ 집간장

엄마의 비밀 팁

토란 줄기는 주로 늦은 여름에 많이 나는데 입을 칼칼하게 만드는 아린 맛이 있습니다. 쌀뜨물에 삶거나 물을 넉넉히 붓고 삶아 찬물로 헹구지 않고 식을 때까지 두면 아린 맛이 줄어듭니다. 생으로 먹으려면 이른 여름에 삶아 먹어야 합니다. 부지런히 말려두면 일 년 동안 갖가지 요리에 활용할 수 있습니다.

How to

1 마른 토란대는 끓는 물에 30분 정도 푹 삶는다.

2 삶은 토란대는 2~3cm 길이로 썰어 들기름, 맛간장, 초피액젓을 넣고 조물조물 버무려 10분 정도 볶다가 맛국물에 들깨가루를 개어 넣고 국물이 자작해질 때까지 5분 정도 볶는다.

곰취 나물:

4인분

요리 시간 35분

재료

마른 곰취 50g
들기름 2큰술
맛간장 4큰술
초피액젓 2큰술
맛국물 170㎖

대체 식재료

맛간장 ▶ 진간장
초피액젓 ▶ 집간장

엄마의 비밀 팁

취나물을 오래 두고 먹으려면 봄에 살짝 데쳐 데친 물과 함께 냉동 보관하여 여름에 곰취 쌈밥을 만들어도 좋습니다.

How to

1 마른 곰취는 끓는 물에 20분 정도 삶아 데친 물이 식을 때까지 그대로 두었다가 찬물에 헹궈 적당한 길이로 자른다.

2 곰취에 들기름, 맛간장, 초피액젓을 넣고 조물조물 무치고 불에 올려 10분 정도 볶다가 맛국물을 넣고 5분 정도 볶는다.

뽕잎 나물:

4인분

요리 시간 30분

재료

마른 뽕잎 30g
맛국물 1/2컵
맛간장 1큰술
집간장 2큰술
들기름 2큰술

대체 식재료

맛간장 ▶ 진간장

엄마의 비밀 팁

뽕잎은 성인병에 효과적이며 잎, 뿌리, 줄기, 열매 등 버릴 것 없이 약재나 식용으로 쓰입니다. 잎은 이른 봄에 따서 데쳐서 나물을 해 먹기도 하고 말려서 나물로 먹습니다.

How to

1 마른 뽕잎은 찬물을 붓고 불에 올려 끓기 시작하면 중간 불로 줄이고 20분 정도 삶는다.

2 삶은 뽕잎은 물에 헹궈 적당한 크기로 자르고 맛국물, 맛간장, 집간장, 들기름을 넣어 조물조물 무쳐 맛국물이 자작해질 때까지 10분 정도 볶는다.

엄나물:

4인분

요리 시간 30분

재료

마른 엄나물200g
맛국물 1/2컵
맛간장 2큰술
초피액젓 1큰술
들기름 3큰술

대체 식재료

맛간장 ▶ 진간장
초피액젓 ▶ 집간장

엄마의 비밀 팁

엄나무는 만병통치약으로 알려져 있습니다. 어린잎은 나물로, 잔가지는 위에 좋다 하여 물에 달여 마시고 둥치와 뿌리는 식혜나 닭백숙에 넣어 먹습니다.

How to

1 엄나물은 찬물을 붓고 끓는 물에 20분 정도 삶아 찬물에 헹군다.

2 삶은 엄나물은 적당한 크기로 잘라 맛국물, 맛간장, 초피액젓, 들기름을 넣고 조물조물 무쳐 맛국물이 자작해질 때까지 5분 정도 볶는다.

냉이나물:

4인분

요리 시간 30분

재료

냉이 200g
소금 1큰술
초피액젓 1큰술
맛간장 1큰술
참기름 1큰술
깨소금 1작은술

대체 식재료

맛간장 ▶ 진간장
초피액젓 ▶ 집간장

엄마의 비밀 팁

냉이는 고추장에 무쳐도 맛있고 봄에 난 냉이를 뿌리째 채취하여 설탕과 1:1의 비율로 냉이청을 만들어 설탕 대신 요리할 때 사용하거나 물에 희석하여 차로 마셔도 좋습니다.

How to

1 냉이는 다듬어 끓는 물에 소금을 넣고 살짝 데쳐 찬물에 헹군다.

2 냉이에 초피액젓, 맛간장, 참기름, 깨소금을 넣고 조물조물 무친다.

찾
아
보
기

자연을 담은 엄마 요리

초판 1쇄 | 2021년 3월 15일
초판 2쇄 | 2021년 11월 8일

지은이 | 배명자

발행인 | 유철상
기획 · 책임편집 · 푸드 스타일링 | 조경자
사진 | 박인경(봄 · 여름), 황승희(가을 · 겨울)
본문 디자인 | 여혜영, 유혜영
교정 | 홍주연
마케팅 | 조종삼, 윤소담

펴낸 곳 | 상상출판
주소 | 서울특별시 성동구 뚝섬로17가길 48, 성수에이원센터 1205호(성수동 2가)
구입 · 내용 문의 | 전화 02-963-9891 팩스 02-963-9892
이메일 | sangsang9892@gmail.com
등록 | 2009년 9월 22일(제305-2010-02호)
찍은곳 | 다라니
종이 | ㈜월드페이퍼

ISBN 979-11-90938-60-0 (13590)